平成犬バカ編集部

片野ゆか

集英社文庫

平成犬バカ編集部 🐾 目次

雑誌『Shi-Ba』に関わる犬たち（と人々）

井上祐彦
『Shi-Ba』編集長
スタッフ犬一号・福太郎の飼い主

佐藤正之
カメラマン
スタッフ犬二号・ポジと
スタッフ犬五号・真結の飼い主

青山　誠
ライター
スタッフ犬三号・りんぞーの飼い主

宮﨑友美子
編集者
スタッフ犬四号・文太の飼い主

楠本麻里
編集者
スタッフ犬六号・花と
スタッフ犬十号・まる子の飼い主

金子志緒
編集・ライター
スタッフ犬七号・ジュウザの飼い主

井田　綾
ドッグスタイリスト
ウランの飼い主

平成犬バカ編集部

平成、それはこの国に多くの〝犬バカ〟が生まれた時代だった

はじめに

この国の犬たちは、かつて番犬と呼ばれていました。

彼らの主な使命は、家の軒先や玄関先で吠(ほ)えることです。一部の小型犬を除くと、ほとんどの犬は屋外で飼われていて、なかでも中型犬や大型犬が家のなかに入れる確率はほぼゼロでした。人と犬の居住スペースははっきりと分かれていて、犬に対してどんなに愛情いっぱいの飼い主でも、この境界線を越えることはなかったのです。

人は家のなかで暮らし、犬は家の外で生きる。共に生活しながらも一定の距離を置く、日本人と犬は長らく不動の関係を保ち続けていました。

そんな日本の犬たちが、人間社会のなかでムクムクと存在感を示しはじめたのは、時代が平成になった頃のことでした。

中型犬や大型犬が家のなかで飼われるケースが徐々に増えていき、都市部ではマンションなどの集合住宅で犬と暮らす人がめずらしくなくなってきたのです。これまで玄関先でつながれてきた犬たちは、家のなかを自由に歩きまわれるようになり、こうしたライフスタイルの変化によって、日本人と犬の距離はぐっと縮まりました。それまで時間を共有するのは朝晩の散歩のときくらいでしたが、常に顔をつきあわせて暮らすようになったのです。

それによって飼い主たちは、これまで自分が見逃していた重大な事実に気づきます。それは犬という動物が、頻繁にコミュニケーションやスキンシップを求めるということ。その頻度が高いほど犬たちは嬉しそうで、なにしろ犬は、犬の姿をしているだけでカワイイので、飼い主たちがその様子にみるみる心奪われていくのは当然の成り行きでした。

平成の犬たちは、人間と同じ空間で暮らすためのルールを身につけることで、飼い主に自己主張するチャンスを獲得しました。彼らは視線や吠え声、しぐさなどのコミュニケーションツールを総動員して、あの手この手で飼い主に語りかけてきます。それは人間観察力や状況判断力の集大成で、多くの飼い主はこうした犬の能力の高さに感心せずにはいられませんでした。そこからにじみ出るキャラクターの面白さや奥深さは、人間顔負けといってもよくて、いやむしろ、人間ではないからこそインパクトは強烈です。日本人にとって犬たちの存在はみるみる大きくなり、家族の一員やパートナーと公言する人が一気に増えていきました。

我が家の愛犬は、ものすごくカワイイ！
こんなに賢い犬、ほかにいない！
ちょっとダメなところが個性であり、魅力なのだ！

愛犬への迷いなき肯定発言というのは、かつては家族や親しい者の間でのみひっそりと語られることでした。時代が昭和であれば、愛犬自慢は無意味に私生活を晒すだけの、恥ずかしい行為でしかなかったのです。

しかし、平成も十年を過ぎる頃には、愛犬への熱い想いを抑えようとしない人々が出現します。いわゆる〝犬バカ〟を自称し、また他人からそう呼ばれることに一種の誇りを感じるタイプの飼い主たちが、全国各地に増えていったのです。その存在が社会で認められるようになるとともに、職場など公の場でも〝犬バカ〟の本性を吐露できるムードが広がっていきました。

その一方で、吠える、咬みつくといった愛犬の問題行動、衝動買いのあげく世話が面倒になり飼育放棄する飼い主、無責任にブームをあおるペットビジネスなど、犬の世界には様々な問題も浮上していったのです。

ある出版社の片隅で、ひとつの愛犬雑誌が生まれたのは、そんな頃のことでした。

雑誌名は『Shi-Ba』(シーバ)。これは柴犬をはじめ、すべての日本犬にフォーカスした、この国初めての日本犬専門誌です。

これは人生の崖っぷちに立たされたひとりの男が、起死回生をかけた企画でした。なぜ犬なのか? それは自分の飼い犬を愛してやまなかったからです。

愛犬の名前は福太郎。赤毛の雄で、二歳の柴犬です。飼い主の男は、平成前期に出現した〝犬バカ〟のひとりでした。

男は、愛犬に夢中なのはもちろんのこと、犬の話題を口にするだけで気分が高揚して、犬に関係するすべてのジャンルについて興味と好奇心が抑えられなくなるタイプです。福太郎と一緒に過ごすときは、本気で遊び、走り、はしゃぎ、心の底から大笑い。その男は、犬と楽しむことに全身全霊をかける日々を送っていたのです。

創刊号の表紙を飾るのは、福太郎と最初から決めていました。

そもそも雑誌の刊行は、自分の愛犬の魅力を世に発信したいという個人的な欲望を満たすことが目的でした。常識的に考えて、まったくどうかしています。公私混同と言われても否定できない状況ですが、その男に迷いはありませんでした。

目標は、これまでに誰も見たことのない愛犬雑誌をつくること。しかし、編集者としてキャリアはあるものの、ペット雑誌に関するノウハウはほぼゼロで、そのうえ編集部員は自分ひとりだけでした。それにもめげず唯一の相棒、福太郎とともに手探りの挑戦がスタートしました。

これは、犬バカ魂のすべてを雑誌づくりに捧げた編集者、やがて犬バカの磁力に寄せられるようにして集まったスタッフたち、そしてそんな人間たちに多くのエネルギーとアイデアとインスピレーションを与えた犬たちの軌跡を追う物語です。設定や登場人物、数々のエピソードにはちょっと信じ難い要素もあるので、創作だと誤解する読者もいるかもしれませんが、正真正銘のノンフィクションです。

『Shi-Ba』が創刊したのは平成十三（二〇〇一）年。それは日本に新しいペットライフの土台が整い、いよいよ人間と犬をとりまく環境や社会条件、人々の価値観など、あらゆるものが大きく動きはじめるタイミングとも重なっていました。その後さらに大量の犬好き、犬バカが生まれ、それは日本で暮らす飼い主と犬にとって、有史以来の大変革期といえるものだったのです。

平成の時代、日本人と犬の関係はどのように変わっていったのか。共生に欠かせない犬の本音を理解する方法とは？　そして、犬バカを極めた先にある人と犬との幸せのカタチは、どのようなものなのか？

雑誌づくりの日々を愛犬と歩んだ犬バカとともに、激動の犬現代史の道を走ってみたいと思います。

第一話　崖っぷち男、最後の挑戦

井上祐彦（いのうえまさひこ）のプレゼンが終了しても、その場の空気はピクリとも動かなかった。

平成十三（二〇〇一）年一月某日。辰巳（たつみ）出版本社の会議室には、社長の廣瀬和吉（ひろせわきち）をはじめ取締役、営業部部長、販売部部長など各部の責任者十五名ほどが顔を揃（そろ）えていた。

定例企画会議のこの日、同社編集者の井上は、新雑誌創刊の提案のためこの場所にいた。

雑誌のタイトルは『Shi-Ba』。

これは日本初の日本犬専門情報マガジンだ。

流行に左右されることなく、犬らしい犬として万人に愛され続けてきた日本の犬たち。

そんな彼らに徹底的にスポットをあてる雑誌をつくりたい。構想開始から数か月、井上は、犬に対するあふれんばかりの想いをカタチにするため、数々の準備を重ねてきた。

雑誌刊行に向けて集めた情報や材料、アイデアのすべてを企画書に叩（たた）きこんだ。

なんとしても『Shi-Ba』を刊行したい。いや、絶対に刊行させなければならなかった。

このとき、井上は三十六歳。キャリア、体力ともに充実して、通常なら編集者としてもっとも活躍できるといわれる年代だ。

だがこのとき、井上は完全に行き詰まっていた。社内失業状態で、まもなくリストラの対象になるのは確実と思われた。雑誌『Shi-Ba』は、崖っぷちに立たされた井上が、編集者人生最後のチャンスをかけた企画だったのだ。起死回生のためには、まずはこの企画会議を突破しなければならない。だが井上のプレゼンした新雑誌は、この会議室に集まった者にとってまったく馴染（なじ）みのないジャンルだった。

辰巳出版株式会社は、社長（現・代表取締役会長）の廣瀬が昭和四十二（一九六七）年に創業して一代で築いた会社だ。創業当時から大衆誌やグラフ誌と呼ばれた写真メインの情報誌、それに漫画を融合させた娯楽誌など多数の刊行物を世に送り出してきた。平成に入ってからは、元年（一九八九年）創刊の『パチプロ必勝本』（現・『パチンコ必勝本ＣＬＩＭＡＸ』）や『パチスロ必勝本』、平成四（一九九二）年に継承発行開始した『つり情報』はともに関連本トップクラスの人気を集めた。また平成十一（一九九九）年には、関連会社を設立して名門娯楽誌『スコラ』の継承発行をおこなうなど、これまで男性・青年向けの娯楽情報出版物を中心に手がけてきた。

この会社のなかで、井上が提案する『Shi-Ba』はあきらかに異質だった。読者ターゲットは犬好き全般、男女比は女性が七割で男性が三割、対象年齢は十八歳から四十歳と幅広い。前例がないという理由だけで却下されても、まったく不思議ではない企画だったのだ。

会議に出席していたメンバーからは、依然として反応がない。

井上は、正面に座る男の顔を見つめた。役員メンバーが揃う会議とはいえ、最終的な権限は創業者の廣瀬にある。だが広い会議室で、井上が眼鏡越しにどんなに目をこらしても、企画書に目を落とす男の細かい表情まではわからなかった。

やはり、ダメなのか……。井上は、その場に立ち尽くすしかなかった。

*

井上が辰巳出版に入社したのは、会議の日からさかのぼること約十年の平成三（一九九一）年春のことだ。都内の大学を卒業後、ある出版社の校正部に三年間勤めたが、子ども時代からの夢だった雑誌編集の仕事が諦められず、中途採用枠でこの会社に入ったのだ。

雑誌って面白い！

井上がそう思うようになったのは、小学校低学年のときだ。きっかけは当時、学習研究社（現・学研ホールディングス）から発行されていた『科学』と『学習』、小学館の学年誌との出会いだった。記事の内容は、恐竜とその時代、動物や昆虫の種類や生態、世界記録を打ち立てたスポーツ選手の紹介、宇宙開発と生命体遭遇の可能性、ピラミッドの謎、煌めくような二十一世紀の近未来世界の生活、心霊体験談や笑えるギャグ話などだ。一冊のなかに複数の話題がぎっしりと詰めこまれていて、とにかくワクワクした。そこには、ひとつの物語を扱う絵本や児童書とはまったく違う世界があった。少年時代の井上にとって雑誌は、ビックリ箱と宝箱が一緒になったようなものだった。一度読み終えても、気に入ったページはくりかえしめくった。図鑑も好きで、特にお気に入りの昆虫関連はボロボロになるまで読んだ。

警察官の父親はしつけに厳しかったが、雑誌や本だけはいくらでも買ってくれた。おかげで少年時代の井上は、雑誌の世界に存分に浸ることができたのだ。

高校時代は筒井康隆などの小説も読んだが、主な愛読書は『週刊プレイボーイ』だった。アイドルや芸能、スポーツネタから、事件、政治経済などの時事ネタまで、硬軟とりまぜた記事に好奇心を刺激されまくった。

この頃、井上は、テレビや深夜ラジオなどのネタをもとにしたギャグやキャッチフレーズが、自然と頭のなかに浮かぶようになっていた。それを聞いて、笑ったり感心している友人たちを見ると、ものすごく気分がよかった。

だがクラスメイトの注目を集める機会は、それほど多くはなかった。井上は口下手だったのだ。いくら脳内にネタがあっても、発言に瞬発力を要する状況は圧倒的に不利だった。

悔しい想いのなかで、ふと気がついたのは雑誌という表現スタイルだ。こういう場所なら、面白いネタを思う存分発信できるのに……。世の中に雑誌編集者という職業があることを認識した頃、井上は具体的な将来の夢を初めて意識した。

＊

入社後、井上が配属されたのはパチンコ雑誌の編集部だった。同社を代表する看板雑誌のひとつで花形セクションだ。だが当時の井上は、パチンコはよほど暇なときに遊ぶ程度で、ギャンブルに陶酔する読者の気持ちは正直に言ってよくわからなかった。

そして仕事ののみこみも、お世辞にも早いとはいえなかった。

新人なので最初は先輩が担当する特集記事の一部を手伝うのだが、いつまで経ってもラフが切れない。〝ラフを切る〟というのは編集用語のひとつで、特集テーマの内容を実際に誌面でどのように見せるのかを決める作業だ。

特集タイトルの位置、それにマッチする写真やイラストのイメージや大きさ、本文の方向性をあらわす小タイトル、内容によっては図解や漫画を組み合わせたり、ページの一部を囲ってコラムを入れるといった具体的なレイアウトプランを固めていく。これは、雑誌づくりの第一段階的な作業だ。

しかし井上は、何かひとつでも疑問に感じることがあると、なかなか前へ進めなかった。同時にパチンコ雑誌を心のどこかでバカにする気持ちも拭えず、どうしても仕事に集中できない。井上より少し後に中途入社した男は、同じく編集未経験ながらすみやかにコツをつかみ、どんどん仕事を覚えていった。子ども時代から憧れ続けた雑誌編集の仕事なのに、焦りがつのるばかりでどうすることもできなかった。

男ばかりの編集部は、遠慮なしのざっくばらんなムードに満ちていた。なかでも編集長は、超がつくほど言葉も態度も荒っぽいタイプだ。だが手がけた仕事はことごとくヒットさせる、編集のプロとして突出した存在だった。罵詈雑言（ばりぞうごん）にさえ妙な説得力がある。井上は不甲斐（ふがい）ない想いを抱きながら、日々過ごすしかなかった。

仕事の基礎を一通り理解できたとき、入社から半年以上が経っていた。ようやく編集者のスタート地点に立った井上は、あらためてパチンコ雑誌の編集者として正しい道を突き進もうと決意した。

パチンコメーカー各社から定期的に発表される新台のリポートは、パチンコ雑誌の巻頭を飾る第一特集の定番で、編集者としてそれらのチェックは欠かせない仕事のひとつだ。まずは時間の許すかぎり、現場に足を運ぶことを心がけた。

当時、辰巳出版のオフィスは、花園神社の近くに建つビルにあった。花園神社は、江戸時代から新宿のど真ん中にある町の総鎮守として親しまれてきた存在だ。そのまわりには、この国を代表する繁華街の歌舞伎町（かぶきちょう）が広がる。遊び場には事欠かないエリアで、パチンコ雑誌の編集部としては最高の立地だった。

編集部の始業定時は午前十時だが、井上はたいてい出勤するとすぐにパチンコ店に向かった。二時間ほど打ち、十二時すぎに昼食をとってから編集部で仕事をする。午後四時くらいになると、再び外出して別のパチンコ店に行く。夕方遅くに編集部に戻って夜まで作業をするのが、やがて基本的な行動パターンになった。

打つときは、むろん自腹だ。手持ちの現金がなくなると、井上は急いで会社に戻った。

「誰か、五万円貸してくれ！」

そう言えば、編集部の誰かが財布を開く。軍資金を調達してもうひと勝負すると、損失を埋め合わせたうえで色を付けて返済できた。いつのまにか井上は、馴染みの店であれば概ね勝てるようになっていた。

だが完全にツキに見放される日もある。ある晩、手持ちの現金を失って店を出た。腐った気分で新宿駅をめざしていると、サラリーマン風の男が別の店からふらりと出てくるのが目に入った。

こいつ、勝ったな……。

根拠はなかったが、スーツ姿の背中を見て直感的に思った。この男をどついて財布を奪えば、もう少し打てる。

ふと頭に浮かんだことをもう一度自分のなかでくりかえして、井上は我に返った。そんなことをしたら、人としてすべてが終わる！　その瞬間、背中に冷たいものが走った。だがほんの数秒とはいえ、激しい嫉妬心と暴力的な衝動に突き動かされそうになったことは事実だった。

打ちたい、打ちたい……！　一線を越えそうになった自分に戦慄しながら、脳内ではあの降ってくるような興奮と刺激を求める声がいつまでも響いていた。

パチンコ依存の症状が出はじめていたものの、仕事柄すぐに店通いを自粛することは難しかった。だが男臭い職場の雰囲気にもすっかり馴染み、仕事そのものは順調だった。ギャンブルの魅力と恐ろしさを知って、読者の存在はぐっと近づいたことも大きかった。

井上は、パチンコ雑誌が何を求められているかについて徹底的に考えるようになった。九〇年代当時のパチンコ業界は、台が読めればたとえ百円でも勝つチャンスがあるといわれた。それだけに最後の百円まで打つのが、真のパチンコファンの姿といってもよかった。その状況のなかで、読者は一冊三百九十円の雑誌にお金を払うのだ。

「それがどれだけ有り難いことなのか、絶対に忘れるな！」

編集長は相変わらず荒っぽく、親しみの念を抱くことは難しかったが、この言葉は井上の胸に深く響いた。

読者が喜ぶものをつくりたい！

どうすれば読者は満足してくれるのだろうか？

井上は考え続けた。パチンコ雑誌の記事のメインは攻略法だ。そもそもギャンブルに攻略法などあるのか？　という冷静な意見はさておき、成功体験者や成功例は実在する。

確率論からするとゼロではないという言い方しかできないが、勝利をめざして解明や検証に没頭する記事は、読者の気分を間違いなく高揚させる。パチンコが好きでたまらない読者の気分を盛り上げること、日常を忘れてワクワクできる話題を提供することは専門雑誌にとって重要な役目だ。

三十歳を超え編集者として中堅への階段をのぼるなか、井上は徹底的な読者満足を優先した記事づくりに取り組んだのだった。

だがある日、予想外のことがおきた。

突然、編集長の退職が決まったのだ。誰もが驚き、編集部は一時混乱したが、まもなく新体制が整えられた。

編集長——。それが井上の新しいポストだった。

若いスタッフが多い編集部で、すでに井上は副編集長になっていたが、とはいえ編集長との差はあまりに大きい。これまでの仕事が認められた結果と考えることもできたが、困ったなという気持ちのほうが強かった。

本当にやりたい仕事がしたい。その想いを強くしていた井上は、この頃、学生時代から好きだった旅行関係を専門に扱う出版社や制作会社にコンタクトを取り始めていたのだ。

だが状況から、編集長辞退は不可能だった。目の前には、今すぐまわすべき現場がある。若干の未練はあったが、井上は腹をくくった。仕事が軌道にのるまで少し苦労したが、雑誌の売り上げは依然として好調だった。それは編集者として、順風満帆といえる日々だった。

＊

「犬、飼おうか」

井上が、妻の美津子とそんな話をするようになったのは、平成十（一九九八）年に自宅を購入してまもなくのことだ。

夫婦が暮らす新築一戸建て住宅は、不動産会社の営業担当者が運転する車で見学に来て、一目で気に入って決めた物件だった。ところが引っ越しを終えて通勤してみると、最寄り駅から自宅までの道のりは予想以上に遠かった。

これには井上も少々驚いたが、しかし、まわりは大きな公園や河川敷など自然が豊かで、空き地も多くゆったりとした環境だった。朝晩には、近所の人々が犬を散歩させている。ラブラドール・レトリーバー、ゴールデン・レトリーバーなど人気の大型犬を連れている人も多く、犬を飼うには最高の環境だった。

井上は幼少期から集合住宅で暮らし、美津子の実家は両親が共働きのため、夫婦ともに動物と暮らした経験はなかった。だが井上は子どもの頃から、雑誌や図鑑を通じて動物への興味は人一倍強かった。美津子もまた、人と犬の信頼関係を描いた小説に深く共感するタイプだ。これまで漠然とした憧れだった犬との生活が、引っ越しによって急速に具体化したのだった。

「近所でみつけたペットショップに、かわいい柴犬がいたよ」

ある日、帰宅した井上に美津子が言った。

週末、一緒に訪ねてみると、その店は国道から大きくそれた未舗装道路を進んだ場所にあった。畑の真ん中に、老朽化した平屋のプレハブがポツリと建っている。

「こんなところ、よく見つけたな」

井上が中に入ると、プンと獣特有の臭いがした。お世辞にもきれいとは言えない店だが、九〇年代の終わりの東京郊外には、こうした昭和の風情が漂う昔風のペットショップがまだ残っていた。

だが子犬の姿が目に入ると、井上の気分は華やいだ。三段ケージの一番下にいたポメラニアンと目が合った。フワフワの毛玉のような容姿で、こちらを見ながら尻尾（しっぽ）を振ったりジャンプしたり活発にアピールしている。こんな犬と暮らしたら、毎日が楽しくなりそうだ……。

「かわいい！」

隣から、嬉しそうな美津子の声がした。しかし、その視線はもう一段上のケージに注がれていた。ムクムクとした茶色の毛に真っ黒な目がクリッと丸い柴犬で、どうやら前回この店を訪れたときに目をつけていた犬らしい。美津子が顔を近づけると、嬉しそうに飛びつこうとしたり、クンクンと声を出しながら鼻先を突き出しアピールしている。

井上もケージを覗(のぞ)きこんでみた。しかし子犬は、こちらを見てもほとんど反応しなかった。

「なんだよ、愛想のないヤツだな……」

「このコにしよう！」

「え？」

ポメラニアンが気になっていた矢先だったので、井上は抵抗を感じた。だが美津子はすでに決めていたようで、柴犬から目を離そうとしない。あらためて見ると相変わらず愛想はないが、柴犬の子犬はかわいらしかった。店主に声をかけて抱っこしてみると、足腰まわりがプリプリと太く、動きも活発で、素人目に見ても健康そうだった。

こうして井上のもとにやってきた柴犬は、福太郎と名付けられた。

いよいよ念願の楽しい愛犬ライフが始まる。そう思っていたが、実際の生活は予想とはかなり違っていた。

福太郎はウロウロとリビングを歩きまわるものの、子犬らしく遊ぶ様子はなく、それでいてエネルギーが余ってイライラしているようにも見えた。初対面のときの潑剌（はつらつ）とした印象とは一転、福太郎は心ここにあらずというぼんやりした顔つきで、目はいつのまにか三角形になっていた。

突然知らないところに連れてこられて、不安や緊張を抱えているのだろうか。しかし井上と美津子は、幼い福太郎にどうやってアプローチしたらいいのかさっぱりわからない。特に日中、ひとりで世話をする美津子の戸惑いは大きく、一時は育児ノイローゼのような状態になってしまった。

転機は、福太郎を迎えて一か月ほどで訪れた。

あるとき、福太郎が部屋の隅に置いてあった子犬用のぬいぐるみをパクリとくわえたのだ。そんなことをするのは、この家に来て以来初めてのことだった。その姿は子犬らしい無邪気さに満ちていて、美津子は久しぶりに声をあげて笑った。

すると福太郎も、今まで見せたことのない嬉しそうな顔をした。福太郎がぬいぐるみを口から離したので、美津子が拾い上げて顔の横で振ると好奇心に満ちたキラキラとした瞳がこちらを見上げていた。

ポンとぬいぐるみを放ると、福太郎はすぐに駆け寄って再びパクリとやった。

「福ちゃん、すごいねー！」

そのとき美津子の目には、福太郎の頭上でピカリと電球が点くのが見えた。

楽しい、これ、すごく楽しい！

言葉が聞こえたわけではないのに、そう言っているのを感じた。同時に、これまで福太郎の目が三角形だった理由がわかってきた。こちらが無表情で淡々とした態度で接しても、福太郎は不安や戸惑いしか感じない。犬がリラックスして楽しく過ごすためには、まずは飼い主が楽しそうに笑っていなければダメなのだ。

それが夫婦の共通認識になってから、福太郎はイキイキとした表情や行動を見せるようになった。

そうなると子犬のエネルギーは、想像以上に凄まじかった。家の柱や壁、家具などあらゆるものをガリガリとかじる。複数のおもちゃを与えても、とても間に合わない。福太郎の行動範囲を制限しないためにも、やって良いことと悪いことの違いをきちんと教えなければならないのだが、こちらの意図はなかなか子犬に伝わらない。

トレーニングの本を見ると、散歩のときは飼い主の左横を歩かせるのが、今どきの犬のしつけの基本とあった。井上は実践してみたが、福太郎はグイグイと引っ張るように目の前を歩くばかりで、まったく本に書いてある通りにならない。購入したばかりの新居はみるみる傷だらけになり、頭ではよくないとわかっていても、福太郎に向かってつい声を荒らげてしまうこともあった。

ある週末、井上は愕然とした。ほんの三十分前に無傷だったリビングの真っ白な壁紙が、縦横十数センチにわたりペロンと剝がれていたのだ。犯人はいうまでもない。嬉しそうな表情の福太郎と目が合って、井上のなかで何かが弾けた。

「いいじゃん、これで！」

犬と暮らしていたら、こんなのは些細なことなのだ。

家が破壊されるとか、トレーニングがうまくいかないとか、細かいことを気にしてピリピリするのはやめよう。せっかく縁があって我が家の一員になったのだから、もっと福太郎と一緒の時間を楽しもう！

そう思ったらなんだか気持ちがスッキリとして、無性に楽しくなってきた。新築三か月の家が名実共に中古物件になったこの日、井上にとって福太郎は特別な存在になったのだ。

＊

新雑誌の立ち上げで新しい部署をつくるので、準備から関わってほしい——。

井上に辞令が出たのは、パチンコ雑誌の編集長になって二年ほど経ったときのことだった。だが異動からしばらくしても新雑誌の企画が具体化する様子はなく、上司から明確な説明もない。ぼんやりしているわけにもいかないので、料理本や猫グッズなどをテ

井上家に来てまもない頃の福太郎

飼いはじめて１年ほどの福太郎
（提供：上下とも井上祐彦）

ーマにした単発企画の本の編集をひとりでやっていた。それでも新雑誌の動きはなく、気づけば数か月が過ぎていた。

どういうことだ……？

「こうなった理由、教えてやろうか」

釈然としない気持ちでいたとき、親しい同僚がこっそりと声をかけてきた。

わかったのは、これが左遷人事だということだった。パチンコ雑誌の編集長時代、部内にギスギスとした空気が流れることがあった。井上は、その原因のひとつが自分にあることをうっすらと自覚していた。

男臭く荒っぽいムードの編集部なので、部下への細かい配慮はつい不足しがちになる。反発や不満を感じていないわけではなかったが、それでも雑誌は毎号刊行され、売り上げも順調だった。

仕事がまわれば改善のきっかけもない。だがいつしか編集スタッフの不満は限界を超え、それを知った会社の上層部は、どうやら井上を編集長のポストから外したほうがいいと判断したようだった。

その後、社内では大規模な組織改編がおこなわれ、井上はその波にのみこまれていった。しばらく創刊されたばかりの自動車情報雑誌編集部にいたが、一年ほどするとそこから離れ、井上を含む三名の中堅編集者のみで組織する部署がつくられた。

そこは週刊誌のようにチームで動くのではなく、単発企画の本や隔月刊行などの雑誌を発行する、完全に個人ベースで仕事をするセクションだった。井上以外のふたりの編集者は、アダルト系、アニメや実写ヒーロー物などのキャラクター系、パズル系などそれぞれ得意分野があって確実に利益を出していた。

だがこれまでのパチンコ雑誌のキャリアがメインで、そこから切り離されてしまった井上には、他に専門も得意分野もなかった。気がつけば完全に社内失業状態に陥っていた。自分は他人に食わせてもらっている――、そう思うと屈辱だったが、どうすることもできなかった。

最大のショックは、仕事がなくなると同時に、潮が引くようにまわりから人がいなくなったことだった。印刷所の営業担当者、フリーの編集者やライター、カメラマン、デザイナーなど、たまに連絡を入れても素っ気ない。今まで自分がやってきたことは、何だったのだろう？　井上は激しい空虚感に襲われた。

*

ここに居場所はない。リストラの対象になるのは、もはや時間の問題だった。二十一世紀まであと数か月。カウントダウンに向けて世間は華やかなムードに包まれていたが、井上の気分は最悪だった。

この当時、雑誌編集者には四十歳現役引退説というものがあった。新しい情報をキャッチするセンスや体力など、現場で活躍できる限界の目安がそのあたりとされたのだ。実際にまわりでも、四十代以降の社員が会社を去ることは少なくなかった。

だがこのとき井上は、まだ三十代なかばでそして振り返れば、やり残したことだらけだった。編集者にとって最大の野望は、本当に自分が心底夢中になれるテーマで、しかもこれまで誰もつくったことがない本を編集することだ。

とはいえ会社という組織のなかで、そんな仕事ができる者はさほど多くない。個人的な趣味や嗜好(しこう)を優先して仕事をすることなど許されないまま、たいていの者は編集者人生を終えていくのだ。

そのとき、井上は決心した。もう後はない。それなら最後に、思いきり好きなことをやろう。自分が心底夢中になれるテーマで新しい雑誌をつくるのだ。

浮かんだのは、愛犬の福太郎の顔だった。

一緒に暮らしはじめて二年。井上にとっては、初体験のことばかりだった。かつて休日は、ゲームや昼寝など家でゴロゴロして過ごすことが多いインドア派だったが、福太郎が来てからはライフスタイルがガラリと変わった。

朝早い散歩は少し面倒に感じることもあるが、外に出て歩きだすとすぐに気分がスッキリしてくる。なにより福太郎の楽しげな様子を見ていると、それだけで嬉しくなった。

前を歩く福太郎の尾は背骨に沿うようにクルリと上がっていて、その下では茶色の毛に覆われたムクムクの肢が右左とリズミカルに動いている。それを目で追っているだけで、いつのまにか井上は笑顔になってしまうのだ。

福太郎は、歩きながら何度もこちらを振り向いて見上げる癖がある。真っ黒な目がキラキラと輝いて、リラックスした口元は口角が上がって笑っているような顔になる。あまりに愛らしいので思わず「福ちゃん」と呼びかけると、さらに嬉しそうな顔をするのだ。

今や井上が心安らぐのは、福太郎と過ごすときだけだった。

傷ついたプライド、愚かな自分、後悔、恨み、妬み、不安、絶望など、そうしたものが一気に迫ってきて押しつぶされそうになる。そんなものをなんとか押しのけて、毎日を生きられるのは福太郎がいるからだ。

言葉にできないほど辛いのに、なぜか福太郎の顔を見ると笑顔になれる。声を出して笑うことだってできる。もし彼がいなかったら、はたして自分はどれだけ正気を保てただろう……。

そうだ、福太郎の雑誌をつくろう！

井上にとって今、心底夢中になれるものはこれしかなかった。福太郎と暮らした二年間で、井上はごく普通の犬好きを経て、犬がいなくては生きていけない〝犬バカ〟になっていた。犬バカとは、犬のことが好きで好きでたまらず、犬のことを考えるだけである種のパワーがあふれて元気になれる人間のことだ。

今、井上の唯一の武器は、バカがつくほどの犬への愛情と好奇心だけだった。

この当時、愛犬雑誌は老舗の『愛犬の友』のほか数誌刊行されていたが、犬種を特定した専門誌は一誌のみで、柴犬をはじめ日本犬を専門にした雑誌は存在しなかった。日本人にとって、日本犬は特別に愛着がある存在だ。この日本のどこかに、自分と同じように日本犬に完全に心を奪われ、楽しい毎日を送る方法を模索している人がいるはず。そんな犬バカの心に強く響く雑誌をつくろう。

そう決心した井上は、さっそく企画書づくりにとりかかった。

そして迎えた、定例企画会議の日。

井上は、プレゼンに挑んだ。子どもの頃からの口下手は相変わらずで、人前で話すのは大の苦手だった。会議の場面を想像するだけで、緊張で汗がにじんでくる。だが失敗は許されない。

本番の数日前から、井上はイメージトレーニングをくりかえした。これまでにない愛犬雑誌を刊行する意義、目玉になる特集内容を説明して、まずは出席者が具体的にイメージできる骨組みを提供する。そこに既存雑誌との比較例、世の中の動向がわかる材料やデータなどを追加して、斬新で幅広い読者が見込める売れる雑誌であることに説得力を持たせていく作戦だ。

プレゼン中、井上は不安要素を意識のなかからすべて排除した。つまらない迷いは捨てろ！　とにかく集中あるのみだ！

一通り説明を終えた井上は、さらに気を引き締めた。この会社にとって、愛犬雑誌はまったく畑違いのジャンルだ。反対意見が出るのは当然と考えて、批判や突っ込み、あげ足取りレベルに至るまで、あらゆる反応を想定して万全の準備をしてきた。

本当の勝負はここからだ。誰が何を言っても絶対に論破してやる！　そんな気持ちで身構えたが、会議室はシンとしたままだった。

なぜ誰も反対しない。俺の話、聞いていたのか？

質問がなければ、これ以上説明もできない。ジリジリとした気持ちで立ち尽くしていると、ふいに沈黙が破られた。

「柴犬の、雑誌か……」

社長の廣瀬だった。

「それなら〝柴犬マガジン〟とか、もっとわかりやすい名前があるだろう」

タイトルについて指摘されると、井上はすぐに『Shi-Ba』の意味と意図について説明した。

「これは柴犬限定ではなく、柴犬をはじめとするすべての日本犬を対象にした雑誌です。

タイトルのシーバはその総称で、私の考えた造語です。これまでにない切り口で日本の犬にスポットをあてる、まったく新しい犬の雑誌だということを強調するためにも、このタイトルはとても重要なんです！」

このやり取りをきっかけに、ほかのメンバーからもいくつか質問が出た。

特に問題視されたのは原価率で、同社で刊行している通常の雑誌よりも損益分岐点が高い設定になっていた。『Shi-Ba』は知名度ゼロの新刊雑誌でありながら、既存雑誌の実売率を大幅に上回らなければ利益が出ない計算になっていたのだ。

それでも井上は、強気だった。

「季刊誌として四回分、やらせてほしいんです！」

「赤が出たら、どうするつもりだ？」

営業部や販売部の幹部たちは呆(あき)れた顔をしたが、井上は怯(ひる)まなかった。社長の廣瀬は、興味のない企画について発言することはない。それが自信となって背中を押したのだ。

「大丈夫です。売れます！」

「理由は？」

「面白いからです！　この本は、絶対に売れます!!」

井上に迷いはなかった。企画書に記載した内容以外にも、頭のなかには特集企画のアイデアがぎっしりと詰まっていた。いずれも犬を愛してやまない飼い主たちの琴線にふれる企画ばかりだ。

この雑誌を待ち望んでいる読者が、世の中には数多くいる。井上は、そう確信していた。

「もし創刊号が売れなかったら、責任はとります。だから季刊誌としてスタートさせてください！」

やがて質問も途絶え、これ以上の議論は展開しそうになかった。会議室の空気がモッタリとしかけたとき、張りのある声が響いた。

「やってみな！」

正面に座る社長の廣瀬だった。

まさに鶴の一声で、井上の運命は決まった。

なぜ廣瀬が賛成したのか、その理由は井上にはわからなかった。娯楽情報誌のジャンルを中心に一代で出版社を築いた廣瀬は、社内外からある種のカリスマ性が認められていた。井上が編集者人生最後のチャンスをかけた企画には、おそらくそんな男の嗅覚を刺激する何かがあったのだろう。

そしてこれは、ずいぶん後になってわかったことだが、廣瀬も犬好きで、かつて自宅で柴犬を飼っていたのだった。

第二話　めざせ!? 『VOGUE』みたいな犬雑誌

平成十三（二〇〇一）年一月、いよいよ『Shi-Ba』創刊に向けて動き出すことになった。

社内失業状態によってかつての人脈をほぼ失っていた井上は、外部スタッフ集めをゼロからやる必要があった。

雑誌編集の現場には、取材内容を記事にするライター、写真撮影担当のカメラマン、企画内容に応じてファッションや小物を揃えるスタイリスト、雑誌タイトルのロゴや表紙をはじめ各ページのレイアウトを組むデザイナーなど、複数の人間が関わる。

トータル百ページを超えるボリュームとなると、井上のほかに経験豊富な編集スタッフも必要だ。企画が決まった後ではとても間に合わないので、井上は見切り発車的に一緒に仕事ができそうなメンバーを探しはじめていた。

まず声をかけたのはフリー編集者のYだった。初めて一緒に仕事をしたのは猫グッズの本をつくったときで、この本はシリーズで四冊目が刊行されるほど好評だった。女性誌を中心にキャリアを重ねていたYは、抜け感のあるスタイリッシュな誌面づくりが得意だ。

一方、井上が長らく仕事をしたパチンコ雑誌は、少しでも余白があれば情報を詰めこむ方針。『Shi-Ba』をつくるにあたって女性誌のセンスは必須だと考えていた井上にとって、編集者のYはもっとも頼れる存在だった。

あわせて井上がスタッフ募集に使ったのは、当時インターネット上で急速に普及しつつあった掲示板だ。

日本人の生活にインターネットが本格的に浸透したのは、平成八（一九九六）年、Yahoo! JAPAN開設以降のことだ。しばらくはパソコンユーザーだけのものだったインターネットは、ネット対応型携帯電話の保有率の上昇によって完全に一般化した。

総務省によると、平成十一（一九九九）年に保有率八・九パーセントだったネット対応型携帯電話は、翌十二（二〇〇〇）年には二十六・七パーセントと三倍に増えている。現在主流のSNSが登場するのはまだ先の話だが、この頃、インターネットを通じて見知らぬ者どうしが仕事や趣味について情報交換をする仕組みが浸透しつつあった。

井上は、ある編集・ライター関連専門サイトにスタッフ募集のメッセージを投稿した。

犬やペット関係で仕事ができる人募集――。

会社名や雑誌名、企画内容など詳しい情報は記載しなかった。まだ会社に企画書さえ出していなかったし、愛犬雑誌は井上自身にとってもまったく未知の分野だ。まずは

〝動物〟や〝ペット〟のキーワードに興味を持つ出版関係者と話してみたいと考えたのだ。

ライターの松本真規子は、井上の投稿をきっかけに『Shi-Ba』創刊に加わったスタッフのひとりだ。短大卒業後、一般企業を経て趣味系専門雑誌の編集部に転職。その後、東京・世田谷の「いぬたま」の定期刊行物などをつくる広告制作会社で編集の仕事をしていた。

「いぬたま」は、「ねこたま」と並んで平成七（一九九五）年にオープンしたペット動物ふれあい体験施設で、この種のレジャースポットの先駆的な存在だった。住宅事情などで犬が飼えない人々にとって、犬をゆっくりと撫でたり、散歩体験ができる場所は新鮮で、閉園する平成十八（二〇〇六）年まで一定の人気を集めていた。

二十代なかばでフリーランスとして独立したばかりだった松本は、経験のあるペット関連の仕事と聞いて興味を持ったのだ。

「かわいいでしょ！」

編集部を訪れた松本は、挨拶もそこそこに井上から愛犬の福太郎の写真を見せられた。そこに写っていた赤毛の柴犬は、ややぽっちゃりした印象だったが、リラックスした口元がまるで笑っているみたいで確かにかわいらしかった。

これから犬の雑誌を創刊する。というよりもこの企画は、愛犬の福太郎の魅力を世間に紹介する雑誌なのだ。そう早口でしゃべる井上の話は、松本にとってわかったような、わからないようなところがあった。おまけに初対面なのに遠慮もない。

「〇〇荘、なんか貧乏そうなところに住んでるねー」

履歴書の住所欄を眺めながら憎まれ口をたたく井上は、それでも犬好きという点では間違いなさそうだった。独立したての松本にとって仕事があるのはそれだけで魅力だし、準備中だという雑誌の企画も面白そうだった。

松本は〝お隣の愛犬ライフ〟のページを主に担当することになった。犬との生活というのは、そもそも究極のパーソナルワールドだ。ある飼い主にとっては常識でも、別の飼い主にとっては目からウロコということは多い。犬を飼っていれば、困り事や悩み事もある。楽しく愛犬自慢をしながら、いろいろな情報を共有することで、自分だけではないという安心感を得る意味は大きい。

日本犬と暮らす人々が、どんな日常生活を送っているのか？　読者の純粋な好奇心を満たすページは、必須の企画だと井上は考えていた。これは新雑誌の三大テーマのひとつだ。

「犬のこと、いろいろ知ってるんでしょ。取材できそうな日本犬の飼い主さんを探してくれる？」

井上にはそう言われたが、松本がこれまで記事にしていたのは、「いぬたま」にいる犬たちのことがメインで、飼い主の知り合いはひとりもいなかった。ゼロから始まったリサーチは、インターネットの世界に散らばる、膨大な数の〝愛犬ウェブサイト〟をチェックすることから始まった。

＊

投稿には犬やペットのキーワードをあげていたが、井上に連絡してきたのはそのジャンルに詳しい者ばかりではなかった。

「今までの仕事は、これだけです」

高校野球関連の単行本一冊だけを手に、編集部にやって来たのは、新人カメラマンの森山越(もりやまえつ)だ。東京・江戸川区出身で、このとき二十二歳。実家は総武線(そうぶせん)平井駅の商店街にある老舗喫茶店だ。

飲食業ということもあり犬や猫を飼うことはできなかったが、もともと生き物が好きで一時は水産関連の大学に進学を希望していたこともあった。だがそれもかなわず紆余(うよ)曲折(きょくせつ)を経て、ある著名なカメラマンが両親の店の常連という縁で弟子になり、一年ほど経ったときのことだった。

「犬は撮ったことある？」

井上の質問に、森山は一瞬だけ考えた。

「……ないです」

　近所の江戸川の土手で、散歩中の犬を数枚撮ったことはある。だが、さすがにあれをカウントに入れるのはまずいだろうと、すんでのところで思い止まった。そんな森山に、井上が訊いた。

「犬、撮れる？」

「撮ってみないとわからないけど、でも撮りたいです」

「そう。それで、いくらくらいで仕事したい？」

「え？　えっと、いくらでも、いいです」

とにかく今は、写真技術のレベルアップにつながることがしたい。そう思った森山は、素直な気持ちを口にした。

「本当にいいの？」

「はい……」

　そんな話をしばらくした後、井上は編集部の隅に積んであった箱をポンと森山によこしてきた。

「それじゃ、撮影が決まるまでこれで練習しておいて」

　それは写真フィルムだった。この当時、雑誌掲載写真はフィルム撮影が主流だった。新人カメラマンであれば、勉強のために山ほど写真を撮らなければならないのだが、フイルム代や現像代は高価で負担も大きかった。目の前には、三十六枚撮りフィルム二十本入りの箱が三つ積まれていた。まとめ買いなどとてもできなかった森山は、心底驚いたのだった。

　オリジナルの企画を持って、井上のもとを訪れたのはフリーライターの青山誠だった。

「マタギのルポがやりたいんです」

　旅やスキー雑誌のほか、日本の歴史、特に戦国モノや伝記などの書籍で豊富なキャリアがあった青山は、山窩などの呼び名を持つ、山奥で昔ながらの生活をする人々の暮らしぶりに魅かれていた。

　だが幻の山の民といわれる人々が現存するかという問題も含めて、そのテーマを仕事にするのはかなり無理があった。ならばそれに近いもの、たとえば山里を拠点に犬と共存しながら生きる人々のルポが書けたら楽しそうだと考えたのだ。

「今は、猟銃を持って山で暮らす人たちに興味があります。犬ですか？　旅先で眺めたり、面白いヤツがいればからかったりはしますけど……」

　愛犬雑誌の企画なのに、青山は特別に犬への想いを語ろうとしなかった。ちょっと変わった印象だが、突き放したような独特な語り口には乾いたユーモアが漂っていた。

なにより井上にとって、青山の企画は魅力的だった。

新雑誌の三大テーマのふたつ目、それは〝日本犬のカッコよさ〟を追求することだ。

多くの日本人に日本犬の魅力をあらためて印象づけたのは、平成十（一九九八）年に発売されて大ヒットした写真集『ニッポンの犬』だった。表紙は、富士山と桜をバックにきちんとおすわりをする柴犬で、表紙のコピー〝カワイイ、りりしい、たのもしい。〟そのままの姿は、犬好きならずとも手にとりたくなる一冊だ。

これは雑誌『太陽』で、動物写真家の岩合光昭が秋田・甲斐・紀州・柴・北海道・四国の六種類の日本犬をそれぞれのふるさとで撮りおろした連載企画で、それが一冊の本として出版されたものだ。

表紙の写真はキュートで穏やかなイメージだが、本書内では犬たちが里山や雪原をイキイキと疾走する様子、イノシシ猟で活躍する野性味あふれる姿、彼らの俊敏さや強靭さが伝わるシーンが展開する。

かつてこの国には、そんな犬たちと共生しながら暮らす日本人がいた。それは番犬として犬たちを軽んじたこととは別次元の、犬を犬として敬い、尊重する世界だ。

だがこうした猟犬の世界は、既存の愛犬雑誌で紹介されることはほとんどなかった。

その理由ははっきりしないが、いわゆるコンパニオンアニマルと呼ばれる犬の飼い主たちには、猛々しい姿が受け入れ難いということなのかもしれない。

だが人間など足元にも及ばない、犬たちの身体能力や判断力の素晴らしさは、犬好きであれば絶対に知るべきで、そこにフォーカスすることは日本犬のカッコよさにもっとも近づく方法だ、と井上は考えていた。

つまり青山が持ち込んだ企画は、新雑誌にうってつけだったのだ。

「取材できそうなところは、あるの？」

「まあ、いくつか」

このとき青山が知る猟師はひとりだけだった。だがこれまでの経験から、何とかなるだろうと思った。

雑誌の企画なら、犬たちの姿を追える技術と体力のあるカメラマンが必要だ。スタッフが不足していると聞いた青山は、旅やスキー雑誌で何度か仕事をしたことのあるフリーカメラマン日野道生（ひのみちお）に声をかけた。

タイトルは〈狩猟犬として生きるということ〉に決まった。井上が準備したのは八ページ。このボリュームなら、猟師としての生活ぶりや犬とのつながりについて語るインタビュー記事と一緒に、飼い主とともに野山を駆け巡る日本犬たちの写真もたっぷりと紹介できる。

『Shi-Ba』創刊に向けて、編集部に少しずつスタッフが集まってきた。

二月上旬には、初の新入社員が配属された。編集関連の専門学校の卒業をひかえた宮（みや）

崎友美子だ。

学生時代は、九〇年代から人気が続くギャル雑誌の編集部で撮影補助のアルバイトをしたこともあったが、どうしても出版業界で働きたいという強い気持ちはなかった。実家暮らしの宮崎は、卒業後しばらくはフリーターとしてのんびりしたいと思っていたのだ。しかし、就職を望む親のプレッシャーを免れることはできなかった。

専門学校の親しい講師に相談したところ、辰巳出版から求人が来ていると教えられ、この会社がどんな本を出しているのかさえ知らないまま試験を受けて採用になったのだ。やや流されるように行き着いた職場の上司は、服装こそカジュアルだったがフレンドリーなムードとはほど遠かった。第一印象は、怖そうなオッサン。二十歳そこそこの宮崎にとって、ピリピリとした空気をまとった井上は、理解不能な中年男だった。

愛犬雑誌の準備中だと聞いて配属になったものの、企画について井上から詳しい説明はなかった。時折、特集のキャッチコピーらしきキーワードを口にするのだが、新人の宮崎にはどう解釈したらいいのかさっぱりわからない。基本的に井上はつっけんどんで無口なので、会話が続かなかった。

そして宮崎は、メインテーマの「犬」についても、まったくと言っていいほど何も知らなかった。これまで家族で犬や猫を飼った経験はない。犬についての記憶といえば昔、近所の家でつなぎっぱなしにされてギャンギャン吠えている犬がいた……という程度だ。

犬を連れて散歩をしている人を見かけても、特に心が動くこともなく「ああ、犬がいるな」という認識しかなかった。

『Shi-Ba』編集部では、編集者のYが日々井上と打ち合わせを重ね、すでに実務的な仕事を取り仕切るようになっていた。そのアシスタントとして宮崎は、少しずつ仕事を覚えていくしかなかった。

＊

井上は、新雑誌のトータルイメージについて考え続けていた。

これまで誰も見たことのない愛犬雑誌をつくりたい。その想いを抱く井上には、密(ひそ)かに憧れる雑誌があった。それは当時、唯一の犬種限定誌『RETRIEVER』(レトリーバー)だ。枻(えい)出版社から平成十(一九九八)年に創刊され、平成三十(二〇一八)年現在も季刊刊行されているこの雑誌はゴールデン・レトリーバー、ラブラドール・レトリーバーなどのレトリーバー系の犬種を飼う人々をターゲットにしたものだ。

登場する犬と飼い主たちが暮らすのは、センスの良いインテリアでまとめられたリビング、テラコッタのテラスやグリーンが飾られたウッドデッキがあるような家だ。休日は優雅なキャンプ旅行にでかけ、カナディアンカヌーやサーフィン、フライングディスクなどのスポーツを楽しむ。そこで紹介されているのは、大型犬のエネルギーが十分に発散できる、アクティブで洗練されたライフスタイルだ。

日本でレトリーバー系の犬に人気が集まりだしたのは、平成に入ってまもなくの九〇年代はじめ頃のことだ。

この犬種は、優しく穏やかな性格で、きちんとしたしつけをすれば必ずそれに応えてくれる。親密な心の交流が可能な、家族の一員になれる犬といわれていた。いわゆる昔ながらの昭和の番犬的なイメージとは、正反対の欧米的な世界がそこにあった。

一方、柴犬などの犬は親しみやすい半面、おしゃれな雰囲気とはほど遠い。欧米原産の犬たちが、当然のようにまとっているキラキラとした雰囲気に対して、日本犬たちが醸し出すのは、昭和、番犬、畳にちゃぶ台、ぶっかけ飯など、渋くて質素で質実剛健なイメージだ。

それが日本犬の魅力だということは、井上も重々承知している。だが柴犬の福太郎と一緒に暮らすようになって二年近く、あまりにイメージが固定化していることに疑問や不満は膨らむばかりだったのだ。

井上にとって福太郎はかけがえのない家族の一員で、ハイセンスな生活をおくるゴールデン・レトリーバーたちとくらべて寸分も劣ることのない存在だ。それなら柴犬の福太郎だって、彼らと同じようにおしゃれな生活を楽しんでもいいのではないか？　井上は、そう思い至ったのだった。

めざすは、スタイリッシュな日本犬専門誌。その方向性を打ち出す企画が、〝愛犬ファッションのグラビアページ〟だ。平成十三（二〇〇一）年当時、体格の大小にかかわらず犬に服を着せる飼い主はほとんどいなかった。都市部を中心に室内飼育率はあがっていたが、多くの犬は真冬でも生まれたままの姿で散歩をしていたのだ。

現在、犬がセーターやジャケットを着ることは、まったくめずらしくなくなっている。抵抗力の弱い高齢犬や超短毛犬種には、むしろ獣医師が防寒着の着用を勧めることも多い。だがこの時代、小型犬でも服を着せることは奇異な目で見られることが多かった。井上が憧れた『RETRIEVER』でも着衣の犬はめったに登場しない。なかでも日本犬は、愛犬ファッションの文化からもっとも遠いところにいた。だからなおさら井上は、ファッショングラビアページを実現させたかった。

＊

「面白そうですね！」

井上の話に、即座に賛同したのはデザイナーの後藤（ごとう）淳（じゅん）だった。

このとき、二十代後半。専門学校でコンピュータ・グラフィックスを学び、卒業後はフジテレビに契約社員として入り、選挙特番で使用される映像をはじめ番組内で使われるCG制作や絵コンテ作成などを担当していた。転職を経てアニメーションやゲームの制作に携わり、さらに産業展などのイベントを企画・運営する会社で働いた。

その後、専門学校時代の恩師に誘われ、雑誌の誌面デザインや単行本の装丁など、紙媒体の仕事をするようになって一年ほど経っていた。井上との出会いは、以前から知り合いだったフリー編集者のYの紹介だ。

「今までにない、おしゃれでスタイリッシュな日本犬専門誌をつくりたいんだ。イメージは、たとえばこんな感じ」

井上に手渡された『RETRIEVER』創刊号の表紙は、艶やかな黒いラブラドール・レトリーバーがおすわりしているところを斜め上から撮影した全身写真が使われていた。バックは真っ白で、タイトルロゴの「RETRIEVER」は犬と同じ黒。白黒で構成されたスッキリとした画面に、キャッチコピーの〝レトリーバーにぞっこん!〟の真っ赤な太字が際立って見えた。

「カッコいいですね」

既存の犬雑誌とはまったく違った切り口に、後藤は引き込まれた。白バックで写真を際立たせた表紙デザインは、『VOGUE』など高級感を重視するファッション誌で好まれる手法だ。そんなイメージをもとにしたアイデアを後藤が口にすると、井上が眼鏡の奥で目を光らせた。

「ファッション誌や女性誌みたいな感じ、いいね。そう、そういうのつくりたいんだよね！」

これまで様々なデザインの世界に携わってきた後藤にとっても、思ってもみない組み合わせだった。日本犬をメインにした『VOGUE』みたいな雑誌だって……？　こんな面白い仕事、ほかにないぞ！

「できれば表紙から中身まで、丸ごと一冊やってほしいんだけど」

「やります！」

後藤は迷わず答えた。

百ページを超すボリュームの仕事となると、複数のデザイナーが分担しておこなうことが多い。しかもこのとき、後藤には昼から夜にかけて恩師の事務所での仕事があった。それでも雑誌一冊を丸ごと任されるのは、ちょうど紙媒体の仕事に面白さを感じていたときだけにチャンスだと思った。

通常の仕事を終えて帰宅した後、深夜から朝にかけてのプライベートな時間を使えば、たぶん大丈夫だ。体力には自信があるからなんとかなると、後藤は考えた。

創刊号の誌面づくりも大詰めに入った。

トータルイメージについては、編集者のYと後藤が寝る間も惜しんで打ち合わせを重ね、さらに井上を交えた編集会議でアイデアを練っていった。妥協知らずの井上は、ようやく出てきたラフ案もあっさりと却下する。一方、若いスタッフも遠慮するムードは

レトリーバーの魅力を知り、彼らとの暮らしを充実させる
エイムック90
RETRIEVER
[レトリーバー]
1998 VOL.1
レトリーバーにぞっこん!
レトリーバーと暮らす
優しく知性あふれるパートナーに惚れ込んだ人達の魅力的な生活を追う
週末、都会から逃げ出す
川釣り、読書、焚き火、ディナー…。愛犬と森に入る、ある週末の日記
一人と一頭の TOKYO STYLE
子犬とつき合う38の方法
レトリーバーのいる快適住まい
"わるい犬"の作り方
ALL AROUND THEM
最新情報からグッズまで、レトリーバーのあらゆる話題満載
オリジナル・ステッカー付き
RETRIEVER
1998 VOL.1
税込み価格
980

『RETRIEVER』創刊号表紙

ない。議論が白熱して、怒鳴り合いになることもしばしばだった。井上もつい荒っぽい言葉を口にしてしまうのだが、内心ではメンバーに頼もしさを感じていた。

グラビアページの撮影場所は新宿西口に決まった。

高層ビルが立ち並ぶ無機質でクールな風景が切り取れるこのエリアは、鮮やかな色彩が映えるため女性誌のファッションページのロケでもよく使われる。めざすは『VOGUE』顔負けの愛犬雑誌。その点からも、スタイリッシュなイメージにピッタリだと判断したのだ。

これはまちがいなく、誰も見たことのないカッコいい日本犬雑誌になるぞ！

そう確信した井上は、しかし撮影当日、まったく予想しなかった現実をつきつけられることになるのだった。

第三話　お笑い転じて、創刊号

平成十三（二〇〇一）年、連休明けの五月某日。いよいよ『Shi-Ba』創刊号を飾るグラビア撮影の日がやってきた。この日、東京は朝から快晴で絶好の撮影日和になった。

井上が愛犬の福太郎をキャリーバッグに入れると、妻の美津子が釘（くぎ）をさした。

「くれぐれも気をつけて。福ちゃんには、絶対に無理させないでね！」

福太郎をモデルに使うと聞いてから、美津子は心配でたまらなかった。この時期、天気が良ければ急激な気温上昇で真夏日になることもある。犬連れ撮影には、冷たい水と日陰での定期的な休息は絶対に欠かせない。

心配事はそれだけではなかった。東京郊外の自宅周辺は大きな公園がいくつもあり、河川敷が広がる自然豊かな環境だ。しかし、今日の撮影場所は新宿西口。高層ビルが立ち並び、人の往来が激しい都心部へ出かけるのは、福太郎にとってこの日が初めてだったのだ。

このとき、井上は車を持っていなかった。福太郎を入れたキャリーバッグは総重量十五キロ近くもあり、電車移動だけで一苦労だ。

朝、八時。ようやく井上が集合場所に到着すると、すでに新人編集者の宮崎、この日のために江戸川の河川敷で〝自主練〟をくりかえしてきたカメラマンの森山、スタイリストなどスタッフが集まっていた。

「この子が福ちゃんですか！」

「かーわーいー。福ちゃん、よろしくね！」

「ほんと、カワイイっすね！」

初めての大都会の喧噪と見知らぬスタッフに囲まれ、福太郎はやや戸惑っているのかキョロキョロと視線が定まらない。その胸元や首をワシャワシャと撫でながら、井上が怒鳴った。

「カワイイじゃないよ。ウチの福ちゃんは、世界一カワイイんだよ！」

いきなり犬バカ丸出しの発言で、スタッフのあいだに失笑がおこった。同時に井上のやる気みなぎる空気が広がり、場の雰囲気はいい感じに引き締まった。福太郎も「かわいい」と連呼されるうちに緊張がとけてきたのか、まんざらでもないという顔をしている。

準備してきた衣装を着て、さっそく撮影が始まった。

テーマその①は〝アウトロー〟だ。福太郎はカウボーイハットに黒革のベストという出で立ちだ。福太郎の飼い主役としてリードを握るのは宮崎で、お揃いのカウボーイハットを被(かぶ)っている。制作予算がないので、モデルも編集部スタッフで間に合わせるしかなかったのだ。

　めざすのは既存の犬雑誌の概念をぶち壊すグラビアページだ。これまで井上は、スタッフとミーティングやロケハンをくりかえし、日本犬をスタイリッシュに演出するための綿密な準備を重ねてきた。主役の福太郎は、どうやらリラックスしているようだ。大都会を象徴する高層ビルをバックに柴犬らしい凛々(りり)しい表情をキメるたび、新人カメラマンの森山はシャッターをきった。

　撮影は一見すると、順調に進んでいた。だが何かが違っていた。撮影が進むほどに、スタッフのあいだにモヤモヤとした違和感が広がっていった。

　ふと井上が口を開いた。

「福ちゃん、デブだな……」

　スタッフはたまらず笑い転げた。

　福太郎は少しだけ標準体重をオーバーしていた。普段からボール投げを何時間も要求するほど運動量は多く、足腰を中心に筋肉はかなり発達している。そこにモフモフとした毛が密集しているうえ、一般の柴犬にくらべるとやや肢が短いという骨格的な特徴が重なって、ぽっちゃり体型がさらに強調されていた。

　井上に呼ばれた福太郎は、嬉しそうなキラキラとした目で振り向いた。その瞬間、森山が笑いをこらえながらシャッターをきった。ファインダーに収まった福太郎はご機嫌な表情で、革ベストはパツパツで、大きめの頭にチョコンとのったカウボーイハットの組み合わせは、まるでお笑い芸人の舞台衣装のようだ。スタイリッシュやおしゃれというイメージとは、どう見ても正反対の世界だった。

沿道を行く人も、足を止めて福太郎に注目している。「見て、犬が服着てるよ！」「なんだ、ありゃ！」「かわいいー。超ウケる〜！」この当時、ただでさえ服を着て街を歩く犬はめずらしく、日本犬となるとなおさらだった。多くの人が何度も振り返り、大笑いしながら福太郎を指さしている。人々の反応は、撮影が進むにつれて大きくなっていった。

テーマその②は〝スーパーヒーロー〟だ。準備した衣装は映画『スーパーマン』でお馴染みのロイヤルブルーのTシャツで、背中にはSUPER DOGの黄色いロゴが輝いていた。福太郎扮するスーパーヒーローは、胴まわりはパンパンで座るとむっちりとしたお尻が際立ち、走るとドスドスと地響きがしそうだった。

「ボンレスハムみたいで、かわいいー！」

女子高生のグループから声があがった。一度通り越してから気がついて駆け戻ってくる通行人、ゲラゲラ笑いながら携帯のカメラをかざしている者もいる。

人の輪の中心にいる福太郎は、気分が高揚しているのかなんだかとても得意げだ。ロ角がキュッと上がった表情はものすごくキュートで、ボンレスハムの魅力はさらにパワーアップした。

「すごい人気！」

「福ちゃん、ウケてるー！」

笑いすぎのスタッフと一緒に涙ぐみながら、井上は確信した。

売れる、この雑誌は絶対に売れるぞ！　これまで温め続けてきた企画に、初めて生の反応を得た瞬間だった。

＊

グラビア撮影の一件で、井上のなかでは〝スタイリッシュ〟への興味がしだいに薄れていった。ほかの企画ページについても、実際に取材をしてみると予想と違うことが多かったのだ。

たとえば日本犬と暮らす人々のライフスタイルを紹介するページでのこと。訪問する家庭は、担当のライターの松本が膨大な〝愛犬ウェブサイト〟から「これは！」と思う飼い主に連絡を入れ、さらに細かな状況を訊くなどリサーチをして取材可能となったところだ。愛犬ライフの取材は、自宅での撮影が欠かせない。雑誌に出るとなると抵抗感を持つ人もいる。だが多くの飼い主は、普段の生活をそのままオープンにしてくれた。

スタイリッシュとは言い難い部分も隠さない、まったく格好つけないカジュアルな姿勢の飼い主ばかりだったのだ。

それは愛犬への愛情表現にもあらわれていた。

「教えてないから芸は何もできないけど、カワイイでしょう？」

「ちょっとおバカなところが最高」

「うちの子として、家にいてくれるだけで嬉しい」

それは、井上が普段から福太郎に抱いている想いとまったく同じだった。

取材先でぽっちゃりタイプの犬に会うと、井上は特に親近感がわいてしまう。愛情を込めて「デブですねー」とつい口にしてしまい、一瞬しまったと思うこともあった。だが飼い主は怒るどころか「でしょう？　この角度から見た体型が、特にいいんですよ。ほら、おいなりさんみたいで……」と楽しそうに撮影ポイントを提案してくれる。取材で出会った日本犬の飼い主は、格好つけずにユーモアを理解する、心から犬を愛する人たちだった。

井上のなかで『Shi-Ba』の進むべき道が見えてきた。既存のメディアはまだ気づいていない、犬と暮らす多くの飼い主が心のなかで密かに求めている大きなニーズ……それは、ユーモアと笑いだ！　進行作業が大詰めのなか、コンセプトは大幅に変更されることになった。

「最初の打ち合わせと違うじゃないですか！」

特に戸惑ったのはデザイナーの後藤だった。

なにしろめざしていたのが『VOGUE』なのだから、振れ幅が大きすぎる。そもそもユーモアや笑いをデザインで表現するとはどういうことなのか？　そのさじ加減について、ゼロから練り直す必要があった。特に『Shi-Ba』の顔ともいえる表紙のデザインについては、井上と激しい議論をくりかえした。

ようやく決まったのは、おすわりをした福太郎がニコリと笑ったような表情の写真を使用したものだった。ポイントは首に巻いた唐草模様のバンダナだ。愛らしくもとぼけた味わいに、見た瞬間「プッ」と噴き出したくなる。

撮影は井上と何度か仕事をしたことのあるカメラマンの中川真理子が担当した。

バックの色は真っ白で、これは後藤がかねて提案していたスタイリッシュな方向性のもの。Shi-Ba のロゴは太めで、色は福太郎の赤茶の毛色と相性の良いオレンジにした。後藤は既存のオレンジではなく、ベースに蛍光ピンクが入った色を指定した。こうすると文字がピカリと光った感じに浮き上がり、コンビニや書店でも目にとまりやすくなるのだ。

売り場のマガジンスタンドで二列目以降に置かれることも考えて、表紙の上半分にタイトルロゴと唐草模様のバンダナを巻いた福太郎の顔が収まるようにした。

華やかで、かわいくて、ユーモアがあって、リビングのマガジンラックに飾りたくなるセンスの良さが感じられる表紙が出来上がった。

＊

六月某日。『Shi-Ba』創刊号の見本が印刷所から届けられた。井上は段ボール箱をバリバリと開けて、一番上の一冊を手にとった。ピカリと輝くタイトルロゴと一緒に、愛する福太郎が笑っていた。

「できた!!」

編集部内に井上の声が響くと、同じフロアの他の編集部メンバーも「よかったな」「やったな」と喜んでくれた。社内失業状態になって一年近く、こんな晴れやかな気分は久しぶりだ。

この日、井上はいつもより早く退社した。完成した『Shi-Ba』創刊号を早く妻に見せたいと思ったのだ。福太郎を撮影に連れ出したときはずいぶん心配していたし、連日の入稿作業で深夜残業に加え、休みも取りにくい日々が続いていた。

「福ちゃんが表紙になってるー!」

妻の美津子も、創刊号を手に喜んだ。

「こっちのページは、なんだか七五三の晴れ着姿みたいだね」

上：『Shi-Ba』創刊号表紙
下２点：『Shi-Ba』創刊号より
（提供：辰巳出版株式会社、以下『Shi-Ba』同）

新宿で撮影したファッショングラビアページは、ユーモアを感じさせながらもスタイリッシュな仕上がりになっていた。

「日本で刊行された本は、すべて国会図書館に収蔵されるんだ。だから福ちゃんの姿もずっと残るんだよ」

「そうなの。福ちゃん、国会図書館だって。すごいねー！」

福太郎と一緒に喜ぶ妻の姿に、井上も久しぶりにホッとした気持ちになった。

これまでにない愛犬雑誌をつくりたい――。その想いからたったひとりで企画を立ち上げ、一年近く走り続けてきた。すべてのページに犬を愛してやまない想いをこめて、妥協することなくカタチにしてきたつもりだった。その点では、ひとつの悔いもない。この本は面白い。そう断言できる自信もあった。

しかし、世の中の人が自分と同じように感じるのだろうか……。

そう考えはじめたら、井上の胸にスルリと冷たいものが入りこんできた。たとえば新宿のロケで大笑いしていた人々が、はたして書店に行って一冊の本に千円近い金額を払ってくれるのか。それについては、正直なところまったく予測できない。

なにより不安なのは、宣伝費がゼロということだった。

ＣＭはもちろん、ポスターやパネルなどの販促ツール、読者向けのプロモーションは何ひとつない。つくられたのは、販売部が書店向けに配布する営業用のチラシだけだ。

そして今のところ、書店からはさしたる反応はなかった。

広告営業の面も厳しかった。

多くの出版社にとって、雑誌広告は重要な収入源になっている。女性誌のビジネスモデルのように、読者がお金を出す金額よりも広告収入をメインにしているケースもめずらしくない。『Shi-Ba』はそういった設定ではなかったが、それでも広告が入ればそれだけ利益が出る。だが広告営業部の反応は芳しくなかった。

「日本犬だけじゃ対象が狭すぎる。クライアントには魅力ないよ」

雑誌そのものを否定されたようで、井上は腹が立った。

しかし実際に入った広告は、出版用語で表4と呼ばれる裏表紙のドッグフードメーカーのほか数えるほどだった。表紙の裏にあたる表2、裏表紙の裏にあたる表3も通常はメインの広告スペースだ。しかし結果的には白紙になってしまい、頭にきた井上は、思いきりふざけた柴犬の写真とコピーをレイアウトした。

印刷部数も、最初の計画とかけ離れた数まで削られていた。当初社内で立てた目標部数は、本の流通を担当する取次会社ではなかなか認められず、結果的には原価割れボーダーぎりぎりの部数を九割近く売って、ようやくわずかな利益が出る程度だった。

内容についての自信は揺るがない。しかし、あまりに外部からのリアクションがなさすぎた。定例企画会議で社長や各部署の重役を前に、創刊号が売れなければ責任を取ると言ったのは井上自身だ。

この一冊で終わるのか……。

そうなれば、いよいよ編集者人生にもピリオドが打たれる。それでも悔いはなかった。とにかく、やりたいことはすべてやったのだ。そんなことを考えているうちに燃え尽きたような、気が抜けたような気分になってくるのだった。

発売前から弱気になってどうする。不安な気分を蹴飛ばすように、井上は冷蔵庫から出した缶ビールを勢いよくあけた。

＊

意外と、動いてる——。

営業部と販売部から報告が入ったのは、発売から数日後のことだった。『Shi-Ba』が思いのほか売れているという。会計時に利用されるＰＯＳシステムの記録を確認すると、さらに詳しい動きがわかった。発売初日から出足がいい。とにかく売り場での反応が速いのだ。

プロモーションも何もやっていない知名度ゼロの雑誌なのに、どういうことだ？　ひとまず好調なスタートをきって少しだけホッとしながら、井上はその理由がさっぱりわからなかった。

それが少しずつ解明されてきたのは、さらに数日を経たときのことだ。編集部に郵便物が届いた。巻末につけた読者アンケートで、この雑誌に初めて寄せられた読者の生の声だ。郵便物は数十枚の束になっていて、井上はドキドキしながらそれらを開封した。

柴犬の本ができて嬉しい！　日本犬がクローズアップされるなんて、感激です！　派手な洋犬ばかりが注目され、柴犬と暮らす我が家はブームの外にいる感じがして寂しかった。こんな本を待っていました――。

それは柴犬などの日本犬と暮らす、飼い主たちの素直な気持ちだった。興奮ぎみの文章からは、テンションの高い犬バカのノリがビンビンと伝わってきた。

この本を待っている読者はかならずいる。『Shi-Ba』創刊の企画をスタートしたときから、そう自分に言い聞かせながらここまで来た井上のなかには、ジワジワと温かいものが広がっていった。

ようやく仲間に会えた。そんな気がした。

読者アンケートでは、書店の雑誌コーナーでたまたま見かけて手に取ったケースが一番多かった。まったくの無名で売り出された『Shi-Ba』は、輝くオレンジ色のタイトルと唐草模様のバンダナを巻いてニコリと笑う福太郎の表紙写真をきっかけに、全国の日本犬ファンのもとへ広がっていったのだ。

編集後記に同意する意見もあった。それはまだ見ぬ『Shi-Ba』の読者に向けた、井上が初めて自分の言葉で発したメッセージだ。

人と暮らすために改良を重ねてきた洋犬と違い、日本犬は犬本来の性格や気質を引き継いで今に至っている。そのせいで「凶暴」「怖い」「所詮は番犬」といったイメージがいまだについてまわっていることに、井上はずっと不満を感じていた。

時代はすでに〝犬を飼う〟から〝犬と暮らす〟に変わっている。それなら日本犬だってマンションで暮らしたり、飼い主と一緒に旅行を楽しんだり、おしゃれな格好で街を闊歩(かっぽ)してもいいのではないか？

福太郎に愛情を注いできた井上には、もちろんその答えがわかっている。そして愛犬の笑顔に気づくことができる飼い主であれば、かならず同意する者がいるはずと考えたのだ。

編集後記にこそ、魂を込めろ！

そう言ったのは井上のかつての上司、パチンコ雑誌時代の編集長だった。この本の向こう側には、自分と同じ種類の人間がいる。読者にそれを実感させられなければ売れる雑誌はつくれない、というのが元上司の持論だった。

好きなもののことになると見境のないバカになってしまう。そんな人間がつくるものだからこそ、読者は興味を持つのだ。

井上は、何度も悩みながら時間をかけて編集後記を書いた。連日の編集作業も終盤に入りヘトヘトだったが、惰性で書くな！　という元上司の言葉をどうしても忘れることができなかった。

＊

「井上さん、これさっき届いたぶんです」

宮﨑がアンケートの束をデスクに置いた。

「へえー、けっこう来てるじゃん」

「初日から合わせて、七百通を超えています」

マジか!?　部下の前では余裕を装っていた井上だが、内心はいまだ信じられない気持ちでいっぱいだった。

アンケート用紙は巻末ページを切り取り、それを三つ折にして封筒状にして送る形式になっている。八十円切手も自分で貼らなければならない。プレゼント付きとはいえ、読者はそこまで手間とお金をかけているのだ。

井上がアンケートの封を開けると、数枚の写真が出てきた。編集部の「本誌に登場してくれる愛犬＆オーナーの方を募集します」のメッセージに対して送られてきた、読者自慢の愛犬ショットだ。細かい字でびっしりと書かれたプロフィールやエピソードの数々からは、いずれも犬への熱い愛が立ち上ってくる。アンケート用紙に書ききれず、別紙を挟み込んでくる読者もめずらしくなかった。

また各地域に住む日本犬に関連した情報について、詳細なリポートを送る人もいた。愛する犬をテーマに、誰もが気持ちが前のめりになっているのが伝わってきた。

世の中には、こんなにたくさんの犬バカがいるのか……！　愛犬の福太郎の雑誌をつくりたいという欲望を原動力に、ここまできた井上でさえ圧倒されるほどだった。

発売から二、三週間が経ち、さらに予想外のことがおこった。『Shi-Ba』創刊号の重版が決定したのだ。

年四回の季刊誌として雑誌の形態はとっていたが、その時点で『Shi-Ba』は単行本と同じ扱いで書店に並んでいた。こうした刊行物を出版業界ではムックと呼んでいる。ビジュアル重視の雑誌（magazine）と書籍（book）の要素を融合させたムック（mook）は日本独自の名称だ。

かつては人気雑誌が別冊や臨時増刊号として出すケースがほとんどだったが、この頃は定期刊行化をめざす過程で読者の反応を見るためにムックとして出版されることも多かったのだ。

創刊号の重版は『Shi-Ba』二号の発行が確実になったことを意味した。通常の雑誌は販売期限があり、一度印刷したら売れ行きにかかわらず版を重ねることはほとんどない。

パチンコ雑誌でキャリアを重ねてきた井上にとっては、編集者人生でほぼ初めての重版になった。

読者から届いたアンケート用紙は、最終的には二千通に達した。発行部数に対して驚異的な返信率だ。自由記入欄はいずれも細かい文字で埋まっていて、読者の熱気がダイレクトに伝わってくる。次号の発売を楽しみにする声、なかには隔月刊行にしてほしいという意見もあった。

だがこれだけの数になると、好意的な反応ばかりというわけにはいかない。特に否定的な意見が集まったのは、ファッショングラビアのページだ。

犬に服を着せるなんておかしい、犬にファッションなど必要ない、この撮影は動物虐待だ、人間のおもちゃにされているようで犬がかわいそう、くだらない、不快、単なる人間のエゴ――。

厳しい言葉が並んでいた。だがそれを読んだ井上は、思わずニヤリとした。犬種にかかわらず犬に洋服を着せる習慣はほとんど浸透していないなか、否定的な反響はある程度予想していた。

それよりも、実はもっと恐れていることがあった。それは無反応だ。笑いも怒りも、疑問も感じない。同意する気持ちも、反感も生まれない。そんなページは、雑誌のなかで存在していないのと同じだ。

だから怒りの手紙やクレームも、井上は大歓迎だった。

愛犬ファッションが受け入れられない人々の気持ちは、井上にも理解できた。だからこそ「もっとやってやろう！」という挑発的な気持ちも大きくなっていった。

あのグラビア撮影で、福太郎をむりやりに押さえつけて撮った写真は一枚もない。もしそんなことをしたら、すぐに表情や姿勢に出てしまう。犬のことをまったく知らない人、犬をイメージのなかだけで理解しているつもりになっている人の目はごまかせるかもしれない。

だが心から犬を愛し、犬の心を深く理解している人であれば、その程度のことは誌面を通してすぐにわかってしまう。

このファッショングラビアページは、飼い主と愛犬が初めての体験にちょっとドキドキしながら、最高に楽しい時間を過ごしたイベントの記録なのだ。それが伝わったのか、批判的な意見の一方で絶大な支持を得たのもこのページだった。

この特集が一番面白い、意外性があってよかった、日本犬もおしゃれを楽しんでいいのだと気づいて嬉しくなった、笑った、かわいい、自分も愛犬とのペアルックに挑戦してみたい、これからもこの企画を続けてほしい——。

そんな意見を寄せてくるのは、愛犬の個性を大らかに受け入れて、毎日を楽しく暮らしていることをうかがわせる読者たちだった。

＊

平成なかばにさしかかったこの時代、愛犬と楽しい体験がしたいと思っても、それが無条件で許される空気はまだ薄かった。

愛犬同伴で外出や旅行を楽しみたいと思っても出かけられるスポットは数少なく、飼育グッズでさえ選択の幅は狭く、ファッション関連については少し凝ったデザインの首輪やセンスを感じさせるリードが、ようやく出回り始めたという状況だった。愛犬との日々を楽しく演出したいというニーズが高まる一方で、それを満足させるものは圧倒的に不足していた。

『Shi-Ba』創刊号にこめられた「もっと愛犬と楽しんでいいんだよ！」というメッセージは、当時の犬好き、犬バカたちが抱いていた一種の渇望に見事にマッチしたのだ。

また井上はそれほど意識していなかったが、それは日本のペットが社会の一員として認められる土台が完成しつつあったタイミングとも重なっていた。

日本の社会のなかでペット動物の立場が大きく変わったのは、これより二年前の平成十一（一九九九）年のことだ。昭和四十八（一九七三）年に制定された〈動物の保護及び管理に関する法律〉が、二十六年ぶりの法改正によって〈動物の愛護及び管理に関する法律（以下、動物愛護法）〉に変更され、それまではモノだった動物が生命あるものとして扱われることになったのだ。

名称が「保護」から「愛護」になったことで、全国の自治体が運営する保健所など関連施設の業務も大きく変化した。各所に動物愛護担当職員が配置され、さらに地域住民による動物愛護推進員が組織されることになった。ここから行政職員と市民ボランティアが連携して、従来は行き場のない犬猫は殺処分されるのみだったところ、そのような不幸な動物を減らす活動が少しずつ始まったのだ。

このとき、動物愛護法は五年を目処に内容が見直されることが決まり、その後も平成十七（二〇〇五）年、平成二十四（二〇一二）年、令和元（二〇一九）年にも法改正がおこなわれている。現在、環境省では犬猫の殺処分減少を推進していて、その活動は全国に広がっている。ここ数年は、保健所などに保護された犬や猫の新しい飼い主を探す、譲渡会の存在が広く知られるようになったが、それは約二十年前の法改正から始まったのだ。

ちなみに初めて法改正がおこなわれた前年の平成十（一九九八）年には、ペットの法律に詳しい弁護士、学者、獣医師などの実務家を中心にペット法学会が設立されている。ペットをテーマにした法律専門の組織は日本初で、現在まで毎年シンポジウムが開催されている。

法律を扱う団体としてもうひとつ、平成二十一（二〇〇九）年設立のＴＨＥペット法塾がある。これは弁護士と動物愛護ボランティアが協力して、より良い法律の制定と運用をめざして活動する任意団体だ。動物愛護法改正に向けた集会や勉強会のほか、動物をめぐる社会問題や事件についての情報発信など活発な活動をおこなっている。

これまでペットと無関係だった業界や企業が、犬や猫との生活を意識した商品を発表するなど、大きな動きがあったのも『Shi-Ba』創刊の頃のことだ。

ペット保険の業界大手アニコム損害保険の設立は、前身のanicom（動物健康促進クラブ）時代の平成十二（二〇〇〇）年のことだ。ペット保険自体はイギリスをはじめヨーロッパ諸国に存在していたが、人間の健康保険と同様に病院窓口で利用できるオリジナルの商品「どうぶつ健保（ペット共済）」を開発した。

アニコム損害保険の親会社、アニコムホールディングス現代表の小森伸昭（こもりのぶあき）は、東京海上火災保険（現・東京海上日動火災保険）に勤務していた時代に経済企画庁（現・内閣府）に出向した経験がある。そこで人間の健康保険制度が疲弊していること、リスクに見合った保険料が設定されていないなどの問題点を見いだしたことがペット保険開発のきっかけになった。「どうぶつ健保」は平成十二（二〇〇〇）年十一月の募集開始直後こそ苦戦したが、人間の健保と同じように使えるペット保険というユニークな事業内容が全国紙に取り上げられたのをきっかけに問い合わせ数が増え、徐々に契約数が増加していったのだ。

平成十二（二〇〇〇）年、大手ハウスメーカーとして日本で初めて、ペット共生住宅〈へーベルハウス プラスわん・プラスにゃん〉を発売したのは旭化成ホームズだ。注文住宅専門という営業形態から犬や猫と暮らす飼い主のニーズが把握しやすく、マーケティング部門では早期から注目している分野だった。

新規事業として動いたのは、当時同社副社長だった人物が前出のペット法学会の会員だったことが深く関係している。日本のペット事情や動物愛護法改正に至る、細かな情報を把握できたことが後押しになったのだ。

また当時、研究・開発部門に「犬が好きでたまらない！」と社内で公言する、いわゆる犬バカを自称する社員が在籍していたことも業界でいち早いペット共生住宅開発につながった。住宅業界では、在宅時間が長い人の満足を優先するほど、家族全員の満足につながる住宅プランがつくれるといわれている。「それならペットの快適も重視すべき」「ペットは家族の一員」という視点が開発のベースになったのだ。

〈へーベルハウス プラスわん・プラスにゃん〉の商品発表会には、多くのマスコミが集まった。通常は住宅系の新聞社など業界関連が中心なのだが、犬や猫を対象にした新商品ということで一般メディアの反響が大きく、テレビ・新聞・雑誌など今までにないほどの取材数になった。

CMを積極的に流したことで資料請求も多かった。だがそれは家を新築したいというよりも、かわいい犬や猫の写真がたくさん載っているパンフレットが欲しいという人が大半だった。このときつくられたのは、営業色を限りなく抑えた写真集のようなイメージのものだったのだ。

総合女性誌で初めてペットをメインにした特集を組んだのは、文藝春秋刊行の『CREA』だ。

平成十（一九九八）年二月号の犬特集号は、発行部数十三万部がほぼ完売となるほどの人気だった。それに続き同年九月号で猫特集が発売されている。もともと同誌はルポ系の記事などハードな内容を扱う、女性誌のなかではやや異色の存在だった。平成九（一九九七）年のリニューアルでソフト路線になったものの、編集長は『週刊文春』でグラビアページを長年担当していたキャリアの持ち主で、編集部には既存の女性誌にとらわれない企画がやりやすいムードがあった。

だが広告を多数入れて収益を出すという、女性誌の基本ビジネスモデルは無視できない。コスメやファッションなど広告が入りやすい特集を組む一方、二月号と九月号で広告収益が減るという女性誌共通の悩みも抱えていた。それならいっそクライアントの反応を気にしないページを企画しようと、編集部内の犬好き、猫好きから声があがったのが同誌でペット特集がスタートするきっかけだった。

それ以来『CREA』本誌では、毎年二月は犬、九月は猫をテーマに特集が組まれた。平成二十（二〇〇八）年三月からは本誌から独立したムックとして発売した。人気は変わらず毎回重版され、犬は平成二十三（二〇一一）年、猫は平成二十四（二〇一二）年まで毎年出版されたのだ。

＊

『Shi-Ba』創刊によって、井上は編集者としてなんとか復活することができた。それは愛犬の福太郎のおかげであり、自らの犬バカパワーを信じたがゆえに訪れた転機といってもいい。ここから人生が変わった、といっても大げさではない。

だがそれは、井上に限ったことではなかった。

「なんだ、これは……！」

佐藤正之（さとうまさゆき）は、たまたま立ち寄った書店の一角で足を止めた。

雑誌コーナーのスタンドからこちらに向かって呼びかけてくるのは、唐草模様のバンダナを首に巻いた柴犬のニコニコ顔だった。気づくと手にとっていた。ジワジワと笑いがこみ上げてくるのをこらえながら表紙をめくると、小窓から顔を出した柴犬が「おっす」と挨拶した。ふざけたムードが心地いい。

さらにページをめくると畳の上を走り回る柴犬、飼い主と一緒に街を散策する北海道犬、花をバックに楽しそうな表情をする真っ白な柴犬、アジリティ競技でカッコよく障害物をクリアする柴犬などが登場する。どこを開いても日本犬だらけだった。

ページをめくる手が止まらない。〈シバコレ〉とタイトルされたグラビアページで、とうとう噴き出した。

同時にうっすらと腹立たしさを感じてきた。なんだか納得がいかない。なぜだ……?ページをめくるたびに、佐藤のなかで疑問符がグルグルとまわりながら大きくなっていった。

「なぜこの本に、うちのポジくんが載ってないんだよ!?」

佐藤の職業はカメラマン。渋谷に近い自宅兼スタジオで、仕事のかたわら柴犬に愛情を注ぐ日々をおくる、自他ともに認める犬バカだった。

第四話　ラブレターfrom柴犬

そのメールに井上が気づいたのは、出勤してまもなくのことだった。発信者の欄にあるのは、見慣れないアドレスだ。開いてみると、次のような文章があった。


はじめまして。

僕の名前はポジくんといいます。

四歳になる雄の柴犬です。

お家(うち)は渋谷の近くにある写真撮影スタジオで、お父さんの仕事はフォトグラファーです。


差出人は、なんと柴犬だった。

「なんだ、こりゃ……!?」

さらに読み進めていくと、カメラマンの〝お父さん〟が『Shi-Ba』創刊号を書店で偶然手にして感激したこと、巻末のスタッフ募集欄を見て編集部で仕事がしたいと思っていること、そして〝お父さん〟は犬が大好きで、このメールを書いている自分も愛らしい柴犬で、モデル犬の才能にあふれていることなどが熱い言葉でつづられていた。
最初はあっけにとられた井上だったが、気づけばニヤニヤが止まらなくなっていた。

〝お父さん〟こと佐藤正之は、カメラマンとして独立してから今まで、一度も仕事が途切れたことはなかった。主なジャンルは建築関連で、特に多かったのはコマーシャルやパンフレットで使用される商業施設の撮影だ。だがこうした撮影の多くは深夜から早朝にかけておこなわれることが多く、四十代に入った頃からは昼夜逆転生活が少々身体にこたえるようになっていた。

メインの仕事をそろそろ別のジャンルにシフトしたい。朝起きて、日中にできる撮影がやりたい。

そう考えていた佐藤だったが、「でも、あなたにアイドルやおねえちゃんは撮れないでしょう」という妻の指摘に反論の余地はなかった。女性モデルを使ったグラビア撮影は、需要は多いものの「かわいい」「きれい」といった褒め言葉をマシンガンのごとく連発させることが必須で、心にもない言葉をいっさい口にできない佐藤につとまる仕事ではなかったのだ。

だったら、どうする……？

そんなとき、浮かんだのが〝犬〟だった。昔から犬好きだった佐藤は、かつては大型のミックス犬を飼っていた。その犬を看取った後、しばらく愛犬ライフは途切れていたが、ある縁で雄の柴犬を迎えることになった。名前はポジにした。由来はポジティブのポジ。もうひとつはポジフィルムからで、当時一般的だったネガフィルムに対して、こちらはプロ用のものだ。

ポジと生活するうちに、佐藤は柴犬の個性にすっかり魅了されていた。これまで洋犬と暮らしていた佐藤は、飼い主が嬉しそうにすれば犬も喜ぶという反応が当然だと思っていた。

だが柴犬をはじめとした日本犬の特徴なのか、ポジの反応は先代犬とかなり違っていた。佐藤と一緒に喜ぶこともあるが、たいていは「それはよかったね。僕は嬉しいときもあるし、まあまあのときもあるよ」と言わんばかりで、どことなく冷静かつマイペースなのだ。

でもポジは、頑固で愛想のないタイプというわけではない。佐藤がカメラを向けると、モデル犬としての才能をめきめきと開花させていった。「おあずけ」のコマンドは、せっかくの躍動感が失われるためあえて教えなかったが、「その位置で立って待て」「フセをして前肢をバッテンに組んで」「そのままコチラを見て」などの細かい要望にきちんと応えられるようになっていた。

それは愛情をこめて、佐藤が常に話しかけながら生活した結果だった。「ポジくん、かわいい！」「最高！」シャッターをきりながら佐藤がはしゃいだ声を出す。するといていポジは、「よかったね、お父さん」と穏やかな顔をするのだった。

そんな頼もしい相棒ともいえる愛犬とタッグを組むように、佐藤は新たにペット関係の仕事を少しずつ増やしているところだった。平成十三（二〇〇一）年の夏は、ベネッセコーポレーションが同社初のペット関連情報誌『いぬのきもち』の創刊準備に向けて動き出したところで、その撮影に参加していた。

犬を相手に仕事をするようになって、佐藤はあらためて自分の判断が正しかったことを実感した。犬種にかかわらず、犬を被写体にした撮影は文句なしに楽しい。まったく自然のままに動く姿やふと見せる表情が、すべて絵になるのだ。お世辞が大嫌いな佐藤も、気がつくと褒め言葉を連発していた。

とはいえ撮影現場は、人間のモデルを使うときのようにはいかない。犬の動きはとにかく速く、集中力は数分ともたない。犬は飽きれば、突然目がドンヨリする。モタモタしていたら、シャッターチャンスは瞬時に走り去ってしまうのだ。

イキイキとした表情をとらえるためには、犬の目線と同じ高さか、やや下からカメラを構えるのがベストだ。佐藤は機材を手に躊躇（ちゅうちょ）なく地面に転がった。犬が魅力的に撮れれば、雨上がりの地面で泥だらけになってもまったく気にならなかった。

犬のグラビア撮影は、技術的な面でも人間を撮るときとはまったく違う。

スタジオ撮影のライティングの設定は、人間の場合は左右どちらかに陰影をつけるが、犬の場合は左右と正面から同量の光をあてる方法がスタンダードとされている。その理由は、犬は顔が立体的で目が横についていて、その目が真っ黒だからだ。

犬種によって目から鼻先までの距離はかなり違うが、鼻の上にクッキーを載せるなど特別な構図でないかぎり、ピントは目を優先する。ただし真っ黒な目の撮影方法については工夫が必要で、そのままだと野性的かつ表情がわかりにくく、少し怖いイメージに仕上がってしまう。それを緩和するために佐藤は、目の縁に少しだけハイライトが入るように調整した。そうすると飼い主の愛情いっぱいのなかで生活している、家庭犬らしい優しく穏やかな雰囲気が引き出されてくるのだ。

また色調の調整も犬仕様は独特だ。

カメラやフィルムというのは、基本的に人間の肌がきれいに写ることを最優先して開発されているため、通常の設定では色かぶりが出てしまう。色かぶりとは写真全体の色調が特定の色に偏ることで、補正なしで犬を撮影すると黄色ばかりが強調されてしまうのだ。

犬の毛色はたいてい白や茶、グレー、黒なので、被毛の本来の色や美しさを出すには青色のフィルターで色調補正が必要だ。ちなみに真っ黒な犬、さらに真っ白な犬は、プロのカメラマンにとっても難しい被写体といわれている。

この当時、プロ用のデジタルカメラも開発されはじめていたが、それはあくまで人肌を美しく撮影することを優先したもので、犬を撮影すると妙にツルリとした印象にしあがってしまうものばかりだった。犬の写真というのは愛らしい表情とともに、思わず手を触れたくなるようなキラキラ、フワフワとした毛の質感を再現することが重要だ。佐藤をはじめプロの写真家たちが、フィルム撮影からデジタル撮影へ移行するのは、まだ数年先の話だった。

犬をいかに魅力的に撮影するかについて日々研究を重ねていた佐藤にとって、『Shi-Ba』との出会いは衝撃といってもよかった。

とにかく目が離せなかったのが表紙の写真だ。モデルの柴犬はあきらかにデブで、それが唐草模様のバンダナを首に巻いてカメラ目線でニコニコしている。柴犬の写真の多くが凛々しく颯爽（さっそう）としたイメージでまとめられているなか、脱力感いっぱいの写真はあまりに意表をついていた。

佐藤は、これまで考えもつかなかった笑いの世界にひきこまれた。すごい……、これこそ自分のやりたかった仕事だ！

同時に、ポジを愛してやまない佐藤の犬バカ魂に火がついた。なんでこの雑誌から、俺とポジに声がかからないんだよ!? そう思いながらページをめくると、巻末にスタッフ募集の記載があったのだ。

しかし、佐藤はこれまで仕事を広げるための営業をした経験がなく、自ら仕事をしたいと他人にアプローチする行為に大きな抵抗感があった。見ず知らずの会社にビジネスメールを送るなど、照れくさいような、恥ずかしいような、いつもの自分ではないような、とにかく何があっても正攻法のアプローチはできないと思った。

でもこのチャンスだけは、絶対に逃したくない! そう考えた佐藤が思案の末に行き着いたのが、愛犬ポジによる〝代行メール作戦〟だったのだ。

＊

メールを受け取った数日後、井上はさっそく佐藤のもとを訪れた。

「ポジくんは、どこです?」

挨拶もそこそこに、井上がスタジオ内を見回すと、肢がスッと長く骨格のしっかりした大きな柴犬が「誰?」という顔で近づいてきた。

「きみがポジくんか、かわいいなー!」

かたわらにしゃがみこんだ井上は、声をかけながら首元をワシャワシャと撫でた。やや乱暴だったが、ポジはさして気にしていないようだった。撮影スタジオという人の出入りが多い環境で育っているため、初対面の相手にも大らかに接することができるのだ。ポジに夢中でろくに顔もあげない井上だったが、佐藤はむしろ好感を持った。さすがは『Shi-Ba』の編集長だ。この人は、自分と同じそうとうの犬バカだぞ……！　そう思ったら初対面の緊張感も和らいで、佐藤もいつもの調子になった。

「うちのポジくんは、どの角度から撮ってもかわいいですよ」

「確かにかわいいですね。それに、おりこうそうだー！」

井上はさらにポジを熱心に撫でた。

「ポジくんは、フセして前肢バッテンポーズもできますよ」

「ほんとですか!?」

佐藤の指示でポジが余裕でポーズを決めると、井上は「すごい」「かわいい」を連呼した。ポジのモデルとしての才能にすっかり感心しながら、ふと重要なことを思いだした。

「ところで佐藤さん、写真、見せてもらっていいですか」

「ええ。もちろん、いいですよ」

これから仕事を発注するのなら、プロカメラマンとしてどのくらいの写真を撮れるのか判断する必要がある。雑誌の編集長として、これだけは確認しなければならない。

「どうぞ、これ見てください」

佐藤は満面の笑みとともに、数枚の写真を井上に手渡した。そこに写っているのは、あらゆるポーズや表情をするポジだった。「どれもいいでしょう？」という言葉に、ひとまず井上はうなずいたが同時に苦笑した。

「いや、写真というのは過去の仕事の見本とか……」

そう言うものの、ふたりで話せば話題はあっという間に愛犬自慢になり、その後も佐藤はテーブルにポジの写真を並べ続けるのだった。

この人、大丈夫か!?

犬バカを自称する井上も、さすがに驚いた。だがやがて「ま、いっか」という気分になった。佐藤が犬を愛していることが、わかりすぎるほどわかったからだ。井上の滞在は小一時間だったが、これから一緒に仕事をする仲間として理解し合うのには十分だった。

『Shi-Ba』二号発行に向けて準備を進めていたこのとき、井上が特に苦労していたのはモデル犬探しだった。

編集部に送られてきた大量の読者アンケートのなかには、愛犬モデルの協力可能という読者も少なくなかった。だが参加してもらうためには事前の打ち合わせが必要だし、交通費や物理的な問題から片っ端からお願いするわけにもいかなかった。

また特集で使うイメージカットの撮影は、試行錯誤しながら進めることも多い。掲載できるかどうか撮ってみないとわからない状況で、読者を頼ることはできなかった。

その結果、二号でも福太郎は大活躍した。しかし雑誌が定期刊行されることを考えると、今後もこのまま福太郎だのみというわけにはいかなかった。そんなとき、犬の撮影を熟知したベテランカメラマンと愛らしい柴犬モデルが、セットでやってきてくれたのだ。

佐藤の愛犬ポジは、福太郎に引き続き『Shi-Ba』スタッフ犬二号として登録された。編集部に舞い込んだ〝柴犬からのラブレター〟がきっかけになった出会いは、井上にとって大収穫といっても大げさではなかった。

＊

佐藤とポジは『Shi-Ba』三号から参加することになった。初仕事は、秋晴れの公園でおこなわれた。

広大なフィールドを抜ける風に、わずかに枯れ草の匂いが混じる。少しずつ冬が近づいているこの時期は、犬たちにとって最高の季節だ。福太郎もモデルとして参加して、二頭のスタッフ犬が顔を揃えることになった。

だが福太郎とポジが会うのはこのときが初めてで、井上と佐藤は飼い主としてわずかながら不安もあった。

洋犬にくらべると柴犬は、真っ正面からフレンドリーなスタンスで交流する傾向は低い。福太郎もポジも人や他の犬を威嚇して吠えるタイプではないが、相性というのは会ってみなければわからない。なにしろ雄どうし。険悪なムードになる可能性も、まったくのゼロとは言いきれなかった。

しかし対面してみると、福太郎とポジは穏やかにお互いの匂いを確認しあった。洋犬にくらべるとかなり淡々としていて盛り上がりには欠けるが、至近距離にいながらリラックスしている様子は、柴犬の気質を基準にすると〝初対面から意気投合〟のレベルといってもいい。これなら二頭一緒の撮影も問題なさそうだった。

特集テーマのタイトルは〈ボール遊び大好きっ！〉だ。

ボール遊びといえば、犬にとってもっともシンプルで基本的な楽しみというイメージだが、実は飼い主と愛犬のコミュニケーションやスムーズなしつけにつながる要素も多い。飼い主の「楽しい」「嬉しい」気持ちを犬に伝えることで、お互いの信頼関係が深まることになる。

犬の行動学に詳しい獣医師の指導・監修で説得力のあるページづくりをする一方で、井上は、モデル犬にとってなるべく楽しくストレスの少ない撮影にしたいと考えた。

撮影のために準備したのは、あらゆる素材やデザインのボール十数個だ。井上がそのなかのひとつを投げた瞬間、ポジは目を輝かせながらダッシュした。すかさず佐藤が連続でシャッターをきった。

芝生の上で何度か弾むようにした後でキャッチして、意気揚々と持ち帰ってきたのはトマト形のボールだった。ツヤツヤした真っ赤な皮に、緑のヘタまでついたリアルなデザインだ。

それを見た佐藤は、笑いをこらえるのに必死だった。トマトはポジの大好物なのだ。どうやら本物が飛んできたと勘違いしたらしい。それだけに現実をつきつけられたときは、ガックリと肩を落とすという表現がピッタリな落胆ぶり。その姿がかわいいやら、かわいそうやらで、スタッフ一同大笑いした。

「ポジくん、やるなー！　今の場面、四コマ漫画にぴったりじゃん」

大型新人の華々しいデビューに、井上も上機嫌だ。

だが結果的に、この日の撮影で主役をさらったのは、福太郎だった。そもそもこの公園は、井上の自宅の近くにあり、福太郎にはホームといってもいい。そしてボール遊びは、福太郎にとってどんなに続けても飽きることのない遊びだった。

お気に入りのテニスボールが宙を舞うと、福太郎は弾丸のごとく走りだした。あっという間にボールに追いついていく。空中でボールをくわえるジャンプキャッチもおてのもの。難易度の高いロングダッシュ&ジャンプキャッチも、何度かやるうちに成功の兆しを見せるほどの運動能力だ。

新宿西口でのファッショングラビア撮影で「ボンレスハムみたい」と笑われた汚名を返上するかのごとく、福太郎は躍動感あふれるシーンを次々と披露した。

「福ちゃん、すごいぞ！　動けるデブの実力を見せてやれー！」

井上が嬉しそうな声を出すと、福太郎はますます地面を強く蹴った。その姿を佐藤が必死に追う。空中キャッチの瞬間、福太郎は「やったぜー！」という声が聞こえてきそうなほどイキイキとした顔をする。ボールを井上のところに持ってくるときも「ほーら、とれたよー。ほ〜ら、ほ〜ら、ほ〜ら」と自慢げに見せびらかす様子がものすごくかわいい。

キャッチのスタイルも、右ジャンプ、左ジャンプ、真上、ひねりを入れたり、ボールを追い越して反転したりとバリエーション豊富だ。

＊

ダッシュとキャッチを続けて十数分したら、福太郎もさすがに息があがってきた。井上が与えた水をガブガブ飲むと、草のうえにペタリとふせた。満足そうな様子で目がキラキラしている。

一方、ポジはすっかりボール遊びの世界から離脱していた。撮影隊のかたわらに座り、真剣なまなざしで一点を凝視している。

〈ボール遊び大好きっ！〉撮影中の福太郎

撮影中、遠方の雌犬に熱い視線を送るポジ
（提供：3点とも佐藤正之）

「ポジくん、なにか気になるものでもあるの？」

スタッフが訊いても反応しないポジにかわり、佐藤が説明した。

「あそこに、女の子がいるんだよ」

井上やスタッフが見ると、はるか彼方（かなた）に飼い主と一緒に散歩をしている犬がいた。数十メートルは離れている場所で、性別どころか言われてみなければ犬がいることさえよくわからない。

福太郎はまったく気にしていないようだ。だがポジの目は、彼方を歩く雌犬を追い続けていた。大好物のトマトを見るときとはまったく別モノのジットリと絡みつくような視線で、心身ともにロックオン状態と言っても大げさではなかった。

福太郎とポジの違いは、どこからくるものなのか？　それはもともとの個性もあるが、おそらく去勢手術済みか否かも影響している。福太郎は生後数か月のときに去勢手術を受けていたが、ポジは四歳のこのとき未去勢のままだった。

一般の飼い主のあいだで、愛犬の不妊去勢手術の実施が少しずつ広がりはじめたのは平成十二（二〇〇〇）年くらいからのことだ。手術の主な目的は、万が一脱走したときに望まれない子犬が生まれてしまうのを防ぐこと、また獣医学や動物行動学などの研究によって病気予防やストレス緩和につながるなど、愛犬にとってメリットが大きいこともわかりはじめていた。

現在、不妊去勢手術は、愛犬をさまざまなリスクから守る方法のひとつとして、日本獣医師会でも推奨している。また環境省でも、一般家庭で犬を飼う場合、繁殖制限措置の観点から不妊去勢手術の実施を勧めている。

しかしこの当時は、獣医師のあいだでも手術のメリットとデメリットのどちらが大きいか意見が割れていた。そのため不妊去勢手術の存在は飼い主に知られていたものの、実施例はまだ限られていたのだ。

ちなみに特集〈ボール遊び大好きっ！〉が掲載された平成十四（二〇〇二）年一月発行の『Shi-Ba』三号では、読者の愛犬の不妊去勢手術の状況は次のような結果になっている。

〈おとこのコ〉手術済：十八・八パーセント、するつもりはない：六十五・五パーセント、これから：十・一パーセント、その他（考え中など）：五・六パーセント

〈おんなのコ〉手術済：四十二・三パーセント、するつもりはない：三十九・八パーセント、これから：十四・八パーセント、その他：三・一パーセント

雄犬は手術の実施を考えていないと回答する飼い主が圧倒的に多く、雌犬であっても予定を含めても不妊手術は六割に満たず、四割は断固拒否の姿勢だ。その理由は、健康

体なのに麻酔をしてメスを入れることに、強い抵抗感を持つ人が多かったからだ。

また当時、素人による繁殖のリスクについてそれほど指摘されていなかったため、手術は出産を経験させてから、という声もめずらしくなかったのだ。


福太郎とポジの二頭の撮影が穏やかなムードのなかで進んだのは、お互いの相性もあるが、去勢済みと未去勢の雄という組み合わせだったことも関係していたようだ。

初めて会って挨拶をしたとき、福太郎はまもなく納得したようだが、ポジのほうは「はて?」という顔をしていた。どこから見ても雄なのに、なぜか雄の匂いがしない。でも雌ではないし、やっぱり雄でもないし……? 再確認のために福太郎のお尻を熱心に嗅いでみるものの、やはり腑に落ちないといった様子だった。

「ポジくんにとって、福ちゃんは不思議な存在なのかもしれないな」

井上や佐藤らが犬の心に想いを馳せているかたわらで、それでもポジはあいかわらずはるか彼方の雌犬に熱いまなざしを注ぎ続けている。そんな雄の本能を丸出しにする柴犬の姿に、密かにロックオン状態になっているスタッフがいた。編集部唯一の新入社員の宮﨑友美子だ。

入社当初は編集の仕事だけでなく、犬についての知識も皆無というまさにゼロからのスタートだったが、それからまもなく十か月を迎えようとしていた。

上司である井上は、会社では基本的に無口だが、一度話し始めれば早口で、仕事の指示についてもキーワード的なものを述べるだけだ。それだけに愛犬に「福ちゃ～ん！」と甘い口調で語りかける姿を初めて見たときは、これが同一人物なのかと目を疑った。

もうひとつ意外だったのは酒が入ると饒舌（じょうぜつ）になり、訊けば具体的なアイデアがいくつも出てくることだった。それをもとに宮﨑は、リサーチの幅を広げたり、撮影の段取りを決めたり、企画のテーマやポイントにそってレイアウトを考えるなど、編集者として仕事のコツをつかみはじめていた。

犬についての知識も、撮影や取材を通じて少しずつ蓄積されていった。

宮﨑がもっとも驚いたことは、犬という動物がかなり深いレベルでコミュニケーションできるということだった。犬には、人間と同じように心も感情もある。それは人間とくらべても細やかなものだが、でも彼らの気持ちを人間の基準にあてはめて考えるのは間違いのもとだ。動物行動学や犬のボディーランゲージについて、資料や監修者の解説から専門知識を得る一方で、目の前にいる犬がどのような気持ちでいるのかについて、とことん考えるようになった。それをくりかえすことで、犬たちが発する言葉をキャッチする感受性が芽生えていったのだ。

宮﨑の成長に、もっとも貢献したのは福太郎だった。スタッフ犬一号として撮影で活躍するかたわら、編集部員にとっては文字通り〝犬の先生〟だ。犬に対して「かわいい」という感情を抱いたのも福太郎が初めてで、犬全体への理解が深まるほどに、福太郎への愛情も深まっていった。

だがやはり福太郎は、宮崎にとっては先生だ。その場では問題なく撮影が進んだと思っていても、実は数々の失態を演じていたこと、それを黙って赦してくれていたことがわかると、なおさら頭が上がらなくなった。

そんな宮崎にとって、福太郎とまったく違うキャラクターのポジとの出会いは衝撃だった。

人間と同じように、犬にもそれぞれ個性があるということは、宮崎にもわかりかけていたが、個体の魅力にこれほど心奪われたのは自分でも予想外だった。ポジは雌犬がいれば、どんなに距離が離れていても見逃さない。そうなるとほかのものにはいっさい興味がなくなり、ひたすら熱いまなざしを送り続ける。

つがいたい、種を遺したい。生き物の雄としての本能を躊躇なくさらけ出し、しかも静かに真剣にエネルギーを集中させるポジには、わずかな迷いも感じられなかった。

その姿は感動的で、宮崎は心の底に新しい泉が湧き出てくるような、これまで経験したことのなかった熱く清らかなものを感じた。はるか遠くを歩く犬に向かって、ポジは飽きることなく粘りつくような視線を送り続けている。

もしこれが人間の男だったら不快極まりなく、もし目など合おうものならとても耐えられないだろう。だがそれが犬になると、なぜこうも魅力的なのだろうか。

「ポジくん、かわいい……。未去勢の雄犬って、すっごくカワイイ！」

宮﨑は、肢の長いやや大きめの柴犬からすっかり目が離せなくなった。

犬の知識ゼロからスタートした新人が、〝犬バカ編集者〟の階段を本格的に駆け上り始めた瞬間だった。

第五話　時をかける愛犬たち

平成十四（二〇〇二）年夏、これまで季刊誌だった『Shi-Ba』が隔月発行されることが決まった。

社長をはじめ、幹部が顔を揃える定例企画会議で正式に決定したとき、編集長の井上は「ようやくここまで来た」という想いでいっぱいだった。社内の誰からも注目されずにひっそりと産声(うぶごえ)をあげた雑誌が、これからは隔月で読者のもとに届けられるようになるのだ。

井上の気持ちをさらに押し上げたのは、社長の廣瀬の言葉だった。

「ウチの会社にも、こういう雑誌ができたんだ。営業や販売も頑張れ！」

これまで辰巳出版の主な出版物は、アダルト娯楽系やパチンコ・ギャンブル系、つりなどの趣味をテーマにした、男性をターゲットにしたものが中心だった。

一方、『Shi-Ba』の読者は圧倒的に女性が多い。年齢層も十代後半から五十代と幅広く、読者アンケートでは「家族全員で毎回楽しみにしている」という声も集まっている。女性やファミリー層など、新しい読者層開拓につながっていた。

たったひとりでスタートした〝井上編集部〟の存在がトップに認められ、社内各セクションへの叱咤激励の言葉につながったことは、会社員として純粋に嬉しかった。だがそれ以上に井上が感じたのは、一種の解放感だった。

誰に何をいわれたわけでもないが、これまでは常に他人から軽んじられているような気がして、突然イライラしたり不安に襲われることがあった。目の前の仕事に集中する日々を送りながらも、社内で孤立したときの疎外感、恨みや妬みなどのネガティブな想いは、完全には払拭できていなかった。

でもそんなことは、もうどうでもいい……。

何かの蓋がポンと開いたような気分のなかで、井上はこれまで『Shi-Ba』を支えてくれた福太郎、スタッフ、そしてこの本を買ってくれたすべての読者に心の底からありがたいと思うのだった。

そんなとき、編集部に一通の手紙が届いた。差出人は『Shi-Ba』の読者で、都内で柴犬や四国犬など四頭の犬と暮らす家族だった。

日本犬と暮らす飼い主の日常を紹介する連載ページ〈My Dog! My Style!〉の撮影のため、井上がライターやカメラマンを伴って訪問したのはつい二、三週間前のことだ。今は最新号への掲載に向けて、編集作業の真っ最中だった。

わざわざ手紙なんて、どうしたのだろう？　さっそく開封してみると来訪時のお礼に引き続き、信じ難いことが書かれていた。

実は、先日チビが亡くなりました——。

チビというのは、四頭のうちでもっとも高齢の十一歳になる雌の四国犬で、都内でクリーニング店を営む〝おとうさん〟自慢の犬だった。そのときの言葉が井上の耳によみがえった。

「四国犬は、目と顔つきがとくにいいね。見れば見るほど味がある」

愛情をたっぷり注がれて育ったチビは、その名前とはかけ離れた立派な体格で、オオカミを連想させるワイルドな魅力にあふれていた。

四国犬は、飼い主以外には心を許さないタイプが多いといわれることがある。家族は「咬んだら申し訳ないから、近づかないほうがいいですよ」と取材スタッフを気遣ったが、チビは井上の顔をペロペロとなめて歓迎してくれた。迫力のある容姿とのギャップも含めて、井上にとっては大感激の体験だったのだ。

高齢とはいえチビは元気そうで、地元下町の商店街の散歩を日課にしていた。〝おとうさん〟と並んでゆっくりと歩く様子は、ほのぼのとしたなかにも独特の渋い空気感が漂う。そのシーンを撮影したショットは、掲載ページのなかでもっとも大きく扱う予定になっていた。

あのチビが、今はもういないなんて……。

突然の訃報に、井上は大きなショックを受けた。命あるものは、いつかこの世を去る。頭ではわかっているつもりだったが、一緒の時間をすごした犬が逝ってしまう経験はこのときが初めてだったのだ。

もしかして、あの取材がチビの老体には負担になったのだろうか。まさかと思いながらも一瞬、そんなことが頭をよぎった。逝ってしまったチビに想いを馳せ、なによりチビをかわいがっていた〝おとうさん〟や家族の心中を思うと、まったく言葉が出てこなかった。井上は、その想いを『Shi-Ba』六号の編集後記に次のように書いている。

本誌始まって以来の悲しい出来事。それは今までおぼろげにしか意識していなかった愛犬の死、そんな日がいつかはやってくることを改めて考えさせられました。正直、辛いです……。合掌。

＊

人間とくらべて、犬の生涯はあまりに短い。諸説はあるが、犬は満一歳になるまでに人間の十八歳程度にまで心身が成長して、それ以降は一年ごとに五歳ずつプラスすると人間の年齢に換算できるといわれている。

福太郎は、この年の十一月で満四歳になる。まだまだ若いと思っていたのに、人間に換算すると三十三歳と、気づけば井上と同世代だ。そしてまもなく愛犬は、飼い主の年齢を超えていく。犬たちの一生は、まるで時をかけるようにものすごいスピードで進んでいくのだ。

とはいえ日本の犬は、確実に長生きになっている。昭和から平成にかけて、犬の寿命はどのくらい延びているのか？　それについて記録した信頼できるデータは実は限られている。

東京都家庭動物愛護協会会長・須田動物病院の須田沖夫院長が三十年分のカルテを集計して、死亡年齢を比較した資料（日本獣医師会雑誌・第六十四巻第一号：平成二十三年発行）によると、昭和五十五（一九八〇）年当時、犬の一生はわずか三歳にも満たないとある。

それ以降の六年ほどは六、七歳前後で推移しているが、平成に入るとほぼ十歳以上と大幅に年齢があがっている。これは室内飼育による生活環境改善、フードの栄養バランスが良くなる、ワクチン接種の徹底などが理由だが、なかでもフィラリアの予防薬の開発が大きく影響しているといっていいだろう。

フィラリアは蚊が媒介して感染する病気で、正式名称は犬フィラリア症、または犬糸状虫症という。

蚊に刺されたときに犬の体内に入ったフィラリア原虫は、血液とともに心臓や肺動脈に移動して、そこで三年から五年かけて糸状に成長する。体長十二、三センチにもなった複数の成虫が、心臓内で絡みあって気管支静脈の血流障害をおこすため、感染した犬は咳や息ぎれ、全身の倦怠感に苦しむことになる。さらに症状が進むと肝臓や腎臓障害などがおこり、末期は腹水がたまり衰弱して死に至るのだ。

かつてこの国では一部の寒冷地を除いて、犬のほとんどは三歳までにフィラリアに感染していた。犬にとって死の病は、このほかにもジステンパーやレプトスピラ、パルボなど複数あるが、混合ワクチンの開発とともに予防が可能になった。

しかし、犬フィラリア症については、予防薬の開発に長い時間がかかった。その理由は、この病気がアジアやアフリカ地域を中心とした風土病で、欧米諸国の獣医学の世界では主な研究テーマにならなかったためだ。

ようやく予防薬が開発されたのは、昭和が終わりを告げる頃のことだ。

そしてこれはあまり知られていないが、犬フィラリア症の撲滅に携わったのは、主に日本人研究者だった。日本獣医畜産大学（現・日本獣医生命科学大学）名誉教授の黒川和雄（故人）は長年にわたる研究により、外科手術で成長したフィラリア成虫を心臓から摘出する方法を確立した。さらに経口予防薬のミルベマイシンを開発するなど、フィラリア研究の第一人者として知られている。

もうひとりは、平成二十七（二〇一五）年にノーベル生理学・医学賞を受賞した北里大学特別栄誉教授の大村智（おおむらさとし）だ。

受賞理由のひとつは、抗寄生虫抗生物質のエバーメクチンの発見と生産菌の遺伝子解析、それをもとにした新薬イベルメクチンの開発で、アフリカなど熱帯地域で広く発生するオンコセルカ症の特効薬になった。これによって、二億人以上を失明の恐れのある感染症から救ったといわれている。日本では主に犬フィラリア症の予防薬として発売されたのだ。

犬にとって最大の死病だったフィラリアだが、今では蚊の発生する季節に毎月一回服用すれば百パーセント予防できる。最近ではチュアブルタイプといっておやつのように味をつけた商品もあり、投薬が犬にとって楽しみになるよう工夫されている。

しかし、いまだにフィラリア予防薬の必要性を理解していなかったり、病気の存在さえ認識していない飼い主もいる。また長年ネグレクトの状況におかれ、適切な医療が受けられない犬もめずらしくない。

地方自治体が運営する動物愛護センターや民間の愛護団体に保護される動物のなかには、保護されたときに犬フィラリア症に感染しているケースもある。だが万が一感染していても、現在は薬の服用をメインにした治療が可能になっている。フィラリア検査で陽性と診断された保護犬が、新しい飼い主のもとで治療を続けた結果、全快して元気に暮らしている例は少なくないのだ。

＊

感染症がほぼ完全に予防できるようになり、犬の一生は格段に長くなった。前出の資料によると平成十四（二〇〇二）年から十五（二〇〇三）年当時、犬の死亡年齢は十三、四歳となっている。ちなみにペットフード協会が令和二（二〇二〇）年に発表した調査結果では十四・四八歳とさらに長くなっている。

愛犬が長生きできることは、飼い主にとって喜ばしいことだ。だがそれによって新しい課題もうまれた。犬の高齢化対策だ。犬も年をとれば、人間と同じように目や耳が悪くなり、体力が低下して、病気にもなる。足腰が衰え、やがて寝たきりになってしまう犬もいる。

犬と暮らすのは初めての井上に、その状況を完全に理解することは難しかった。いずれは福太郎も……、と想像するだけで辛くて仕方がない。でもそのときがくれば、最期（さいご）まで世話をするのはあたりまえのことだと思っていた。

だがいろいろな情報に触れるうち、どうやら自分と同じように考える飼い主ばかりではないことが少しずつわかってきた。子犬時代から十数年、一緒に暮らしていながら、介護が大変だからという理由で、年老いた犬を保健所に連れていく飼い主がいるというのだ。

その話を初めて耳にしたとき、井上は驚きを通りこしてまったく信じられなかった。

「自分の犬を捨てる飼い主がいるなんて……、ウソだろう!?」

「認知症の犬の介護は、特に大変なんです。夜中に鳴き続けて、近所からクレームがくることもあるみたいですよ」

愛犬介護の現実について説明するのは、フリーライターの上遠野貴弘(かどのたかひろ)だった。

上遠野は『Shi-Ba』創刊号からのスタッフのひとりで、主に動物医療系の連載ルポを担当している。日頃はカメラ雑誌を中心に電子工学系、デジタル系の記事を扱う仕事をしていて、図鑑など写真を多用する本の編集・執筆も得意としている。

上遠野が『Shi-Ba』で初めて犬の認知症について書いたのは二号で、タイトルは〈愛犬がボケた! 増える犬の老年性痴呆症(ちほうしょう)〉だった。現在、認知症と呼ばれる病気は、当時の人間の医療の世界でも痴呆症と呼ばれていた。

その名称を変更したのは厚生労働省だ。〝痴呆〟という言葉に侮蔑(ぶべつ)的な意味が含まれていることが、早期受診や早期発見の妨げになっていると問題視して、平成十六(二〇〇四)年十二月に「認知症」を行政用語に指定した。その後は環境省や日本獣医学会でも認知症の名称を使うなど、ペット業界でもこちらが一般的になっている。

『Shi-Ba』で特集したタイトルページのイメージ写真は、おむつをした柴犬の後ろ姿だった。ちなみにモデルは福太郎だ。医療系のページの撮影は読者の愛犬に協力を求めるのが難しいため、スタッフの愛犬に活躍してもらうしかないのだ。

福太郎が着用したのは、尻尾が出せるように穴が開いたペット用の介護用品だ。当時こうした商品はめずらしく、その存在を知る人はほとんどいなかった。また愛犬にやがて介護が必要になると、はっきりと意識している飼い主もまだ少数だった。おむつをつけた犬を初めて見る読者も多く、この写真は強烈なインパクトを与えた。

高齢犬のケアの問題に直面して、大きな戸惑いのなかで日々を過ごす飼い主は、ものすごい勢いで増え続けていた。ところがこのとき、関連情報はほぼゼロといってもよかった。獣医師にとっても高齢犬ケアはまだ手探りの状態で、犬の認知症については研究が始まったばかりだった。一般飼い主の多くは、認知症の犬にどう接したらいいのか、そもそもどのような症状が出るのかわからないまま、高齢犬と暮らしていたのだ。

その症状は主に、①食欲の異常、②生活リズムの異常（昼夜逆転）、③徘徊（はいかい）、④失禁、⑤聴力の低下、⑥異常な姿勢、⑦旋回運動、⑧意味のない無駄吠え・夜鳴き、⑨飼い主の呼びかけに反応しないなどボンヤリしている、⑩感情、特に喜びの表現が乏しい、⑪狭いところに入ったまま後退できない、などだ。

この特集で上遠野は、日本で数少ない犬の認知症研究を進める獣医師に取材している。その獣医師は、犬の認知症でもっとも深刻なのが意味のない無駄吠えが多くなることだと指摘した。

意味なく、時を選ばずに無駄吠え、無駄鳴きを続けるということは、犬にとってもつらいでしょうが、飼い主にとってとてもつらいことなのです。これに耐えられずに、やむなく介護をあきらめてしまうという飼い主の方もいます。鳴き始めるとなだめようがない、というのが現実です。それともうひとつ、狭いところに入り込んで、突き当たってもひたすら前進し続けようとして鳴き続けるという症状があります。痴呆犬は後退することができないので、突き進み続けようとすることで体中が傷だらけになってしまいます。このふたつの症状が犬も飼い主をも傷つけていくのです。

文中では「やむなく介護をあきらめてしまう」と柔らかく表現しているが、これこそが井上を驚愕させた〝現実〟だった。一番多いのは、近所から何度もクレームが入る状況に耐えられないというケース。なかには弱って死んでいく姿が見るに堪えないという身勝手な理由で、犬が殺処分されるとわかっていながら保健所に持ちこむ飼い主が少なからず実在するのだ。

上遠野は、継続的に愛犬の高齢化問題をテーマに取材を続けていた。そのなかで特に感じたのは、飼い主の孤独だった。愛犬の介護生活がどんなものなのか、そもそも介護が必要になることさえ広く認識されていないなかで、大変さを理解したり共感してくれる相手を探すことは簡単ではない。その状況が、飼い主を心身ともに追い込んでしまうのだ。

そうした人々にとって、愛犬の介護に向き合っているという飼い主の写真ルポ、また愛犬介護の体験インタビュー記事は、救いであり貴重な情報源になった。なにより〝自分だけではない〟と知ることは、愛犬介護生活のなかで安堵につながる。

編集部では、その後もこうした情報をまとめたムック本を刊行している。平成十六（二〇〇四）年八月の『幸せわんこの長生きBOOK』が好評で、その翌年八月に『老犬時間』、さらに平成十八（二〇〇六）年十一月に『老犬時間 vol.2』、翌年十二月にDVD付き『長生きワンコの本』と、シリーズは合計四冊になった。

＊

井上が率いる編集部は、ますます忙しくなっていった。それは『Shi-Ba』が年四回の季刊発行から隔月発行になるのとほぼ同時に、新しい雑誌を立ち上げたからだ。

あのどん底だけは二度と味わいたくない！

仕事が好調になるほどに、井上のなかでその気持ちが強くなっていた。『Shi-Ba』は自分の愛犬と同じくらい大切で、命にも代え難いものといっても大げさではない。発売以来『Shi-Ba』の売り上げは順調だったが、このまま単体の雑誌だけに頼るのは心もとなかった。勢いがついてきたこのタイミングで、井上は編集部の運営をさらに盤石にするため新雑誌の立ち上げを考えたのだ。

平成十四（二〇〇二）年に創刊されたのは『コーギースタイル』だった。これはウェルシュ・コーギー・ペンブローク、ウェルシュ・コーギー・カーディガンの犬種を専門に扱う雑誌だ。

エリザベス女王の愛犬として有名な英国原産のこの犬は、大きな立ち耳に、長すぎないマズル、好奇心旺盛なくりっとした目で、日本犬好きの琴線にふれる要素も多い。胴長短足という体型からくるユーモラスなムードと、洗練された雰囲気をたたえた独特のバランスが、この犬種の大きな魅力といえるだろう。

日本人のあいだでコーギーの存在が広く認知されるようになったのは、平成三（一九九一）年に放映された缶飲料「午後の紅茶」のテレビＣＭがきっかけだった。小泉今日子が一緒に暮らす犬という設定で、ほのぼのとしたエピソードを描いてシリーズ化されたのだ。コーギーの飼育率が急激にあがったのはそれからまもなくのことで、ゴールデン・レトリーバーやラブラドール・レトリーバーに次ぐブームといってもよかった。

流行に乗って犬を飼うことに、井上は大きな抵抗を感じていた。犬はモノではなく、約十五年を共に暮らす家族なのだ。新しいバッグを買うような感覚で気軽に手に入れるなんて、とんでもない話だと思う。しかし、すでに一緒に暮らしている飼い主と犬たちの生活を否定するつもりはなかった。

　許せないのは、犬種の特徴や犬それぞれの気持ちを理解しようとしない飼い主たちだ。もともと牧羊犬として交配されたコーギーは、体格こそ中型だが大型犬並みの体力を持つ犬だ。人と協力して仕事をするため頭が良く、好奇心旺盛で自立心も強い。

　だが流行に乗せられてなんとなく飼った人のなかには、テレビCMのまったりしたイメージをあてはめるだけで、犬種本来の特徴をまったく理解していない人も少なくなかった。心身ともにエネルギーが発散できない状態は、問題行動のもっとも大きな原因といわれる。「うちの犬はダメ」「コーギーはダメ」など、責任のすべてを犬におしつけることなどあってはならない。

　せっかく縁があって出会ったのだから、飼い主と愛犬の両方が楽しく暮らさなければ意味がない。愛犬を深く理解することで得られる、笑えるエピソードや発見のなかに喜びを見いだせる、そんな感受性を刺激する雑誌をつくろうと井上は考えた。つまり基本コンセプトは『Shi-Ba』とまったく変わらなかったのだ。

　井上は『コーギースタイル』の後にも、『チワワスタイル』『ダックススタイル』『プードルスタイル』など、犬種別の雑誌をほぼ一年ごとに創刊している。さらにパグやフレンチ・ブルドッグ、ボストン・テリアなどいわゆる〝鼻ペチャ系〟の犬種を対象にした『PE・CHA』（ペチャ）も出した。複数の定期刊行物を出すことで、編集部の運営を安定化させる戦略をさらに拡大したのだ。

編集部で出した雑誌の売り上げがのびれば、それだけ会社への還元規模は大きくなる。〝井上編集部〟の存在感を社内でアピールできれば、そのぶん好きな仕事がしやすくなり、結果的に自分が育てた大切な雑誌を守っていくことにつながると考えたのだ。

井上は刊行物ごとに、取材などにかかった経費や人件費、発行部数、売り上げ、広告収入などをもとに計算した純利益を一覧にまとめていた。こうした発想は、会社員というよりも経営者に近い。

自らそんなことをする雑誌編集者は辰巳出版のみならず出版業界全体でも稀(まれ)だが、井上はこうした収支表作成作業を続けた。ネガティブな発想は浄化されたが、社内の誰にも頼れない、頼りたくないという気持ちは、いつしか井上の仕事の基本スタンスをつくっていったのだ。

第六話　書を捨てよ、犬を見よう

ある晩、編集部で仕事をしていた井上は、ふと作業の手を止めた。最新号の『Shi-Ba』の台割と、実際に進行中の記事の数が合っていないことに気がついたのだ。台割とは雑誌の設計図のようなもので、どのページにどんな内容の記事が入るのか一覧できる表のことだ。

たいていは左端にページ数がふってあり、右には特集のタイトル名などが記載されている。編集者はそれをもとにスタッフに仕事を依頼して、出来上がってきた文章と写真をレイアウトした原稿を印刷所に入稿していく。

それが正しくおこなわれているか、最終的に確認するのは編集長の井上の仕事で、雑誌をつくるうえではもっとも重要なものだ。

しかし、何度確認しても台割と実際に揃った記事の数は一致しない。まさか、やっちまったのか……？

わずかな望みを託して、もう一度確認した。だがあきらかに四ページ分不足している。井上の背中に冷たいものが広がっていった。雑誌のページ総数はすでに決まっていて、変更はできない。つまりこのままでは『Shi-Ba』に四ページ分の白紙ができてしまう。これは雑誌編集者として、絶対に許されない最大のミスだ。

この日は、すべての完成原稿を印刷所に納める校了日だった。だが井上の手元には、かわりになりそうな原稿は一枚もなかった。

時間はすでに深夜。リミットは数時間後に迫っている。パチンコ雑誌時代を含めて、こんなミスは初めてだ。編集部の時計は、すでに日付を越えようとしていた。このままでは四ページ分が白紙のまま『Shi-Ba』が世に出てしまう。冷たくなった背筋に、今度は汗が噴き出した。

あり得ない！　そんなこと絶対にダメだ！

編集長としての責任はもちろんだが、井上にとってこの雑誌は、福太郎へのあふれる愛を原点に、全力を注いで育ててきた大切なものだ。

なにより読者をガッカリさせたくない。この雑誌を手にとり「面白い」「笑える」「くだらない」「下品」など、共感や批判を寄せてくれたすべての読者、次号を楽しみにしている人々を裏切るようなことだけはできない。

ふと思いついて、井上はデスクの引き出しを開けた。取り出したのは、過去の掲載誌用に撮影したものの不採用になったポジフィルムの束だった。いわゆるボツ写真で、編集作業を終えればほかに使い道はない。一般的な雑誌編集部では、こうしたフィルムは順次処分されていく運命にある。

だが井上は、過去に撮影した大量のポジフィルムを大切に保管していた。なぜならそこには、カワイイ犬たちの姿が写っている。だから捨てるなんて、一枚たりともできなかったのだ。

それを手に井上は、編集部の端に設置されたライトテーブルのスイッチを入れた。これは裏から光をあてて、ポジフィルムの詳細を確認するための写真用機材だ。その上にフィルムを載せると、バックナンバーを飾った犬たちの姿が浮かび上がった。フィルムの数は膨大だった。犬は人間のようにじっとしていないし、カメラ目線にも応じないのでシャッターをきる回数が多くなる。

撮影場所が自宅の場合、スタッフはテリトリーに侵入してきた怪しいよそ者だ。到着してしばらくは、警戒心をあらわに吠えたり、物陰からこちらの様子をうかがう犬もいる。井上をはじめスタッフは、取材を重ねるなかでこうした犬たちと仲良くなるコツを習得していた。

最初、犬は基本的に無視して、まずは飼い主と親しくなる。飼い主としゃべっているうちに、飼い主を守ろうという意気込みがそがれて、やがて敵ではないと犬に思ってもらえるようになるのだ。

それでも緊張感が拭(ぬぐ)えない場合は、散歩に同行する。お気に入りのコースをひとまわりして一緒に家に帰ってくる頃には、わずかながら仲間意識が芽生えてくる。少なくとも危険はないと理解してくれる。

こうして犬との距離を少しずつ縮めていくなかで、カメラマンは常にシャッターをきり続ける。最終的にはフレンドリーで愛らしい表情や、飼い主と一緒にリラックスした姿を撮影することができるのだが、その過程で写真は数百枚に及ぶ。

撮影した写真を最初に選ぶのはカメラマンだ。選択眼やセンスが問われるという意味では写真を撮る以上に難しく、プロとアマの違いは主にこの点といわれている。こうしてカメラマンがセレクトしたフィルムが編集部に納品され、そこから編集者が誌面に掲載するものを選んでいくというのが一般的な雑誌編集の手順だ。

だが井上は、撮影したフィルムすべてを自分でチェックした。カメラマンのセンスを疑っているわけではない。純粋に自分の目で確かめたかったたし、たくさんの犬の写真を見ているだけで楽しかったのだ。

井上の目が、一枚のフィルムに引き寄せられた。細部を確認するためルーペを載せて覗くと、犬の表情が拡大された。目は漫画に描かれたキツネのように細く、それとは対照的にパカリと大きく開いた口からはピンクの舌と立派な歯が見える。大あくびの瞬間をとらえた一枚だ。

ちなみに犬があくびをするのは、眠いからではない。これは緊張を感じたときに犬が見せるしぐさで、ストレスから自分を解放するためにおこなう転換行動のひとつだ。自分の口元をペロリとなめたり、後肢で耳の後ろをいきなり掻(か)いたり、全身をブルブルと震わせるのにも同様の意味がある。

そうだよな……、と井上は思った。

家に見知らぬ人間がドヤドヤとやって来てカメラを向けられたら、どんなに人慣れしている犬でも緊張して当然だ。フィルムを見ながら、犬たちへの感謝と申し訳ない想いがムクムクとわきあがってきた。

だがジックリと写真を確認してみると、犬の口元は思ったよりもユルリとしていた。緊張というよりは退屈。「いつまでカメラ向けているんだ？　もう勘弁してくれよ～」そんな気分が伝わってくるような一枚だった。

もしも、この犬が言葉をしゃべったら、セリフはきっとこんな感じだ。

　　ポーズとれ？　俺は犬だぞ　カメラマン

スルリと浮かんだセリフは、ルーペで拡大された犬の表情にみごとにマッチしていた。なんだかジワジワと面白い。川柳……、これは柴犬川柳だ！

井上は、さらにほかのポジフィルムを広げた。立派な石垣のある民家の玄関に続く階段の上には、一頭の柴犬がたたずんでいた。凛とした立ち姿が格好いい。しかし取材したライターの記事によると、実は恐がりで知らない人が来てドキドキしている、というのが本当のところらしい。

外見と内面のギャップは、柴犬の魅力のひとつかもしれない。そういえば福ちゃんも、こんな顔をしながら内心ドキドキしていることがあるぞ。愛犬との日常を思い出しながら、井上は思わず噴き出しそうになった。

凛として　見られるけれど　怖いだけ

井上のなかで、取材先で出会った犬たちのことが次々とよみがえってきた。

そういえば、けったいな犬がいたな……。飼い主がお尻のわきを撫でると、後肢は突っ張ったまま、上半身だけフセの状態になって顔を床にグリグリとこすりつけるのだ。おそらく気持ちがいいのだろうが、悶えるような妙な鳴き声を漏らす。

「いつも、こうなんですよ」という飼い主が撫でているかぎり、その犬は喜んでいるのか、嫌がっているのか訳がわからない反応を続けている。いったいどっちなんだよ？　訊いてみたが、本当の気持ちはとうとうわからなかった。

気持ちいい？　それとも嫌なの　イヌゴコロ

井上はルーペを覗きながら八点の写真を選び、あわせて川柳を詠んだ。それを四ページに振り分けた。一ページに写真が一点のパターンと一ページに三点のパターンをつくり、写真に応じて文字を入れる位置を決めた。デザインと呼ぶにはあまりにシンプルだが、この状況で凝っている余裕はなかった。

コーナーのタイトルは、柴犬川柳だから略して〈しばせん〉だ。川柳だとわかるよう〈五・七・五で詠むイヌゴコロ〉のコピーも添えた。こうして四ページが白紙のまま発売される危機はなんとか回避した。咄嗟の思いつきでかなり苦しい部分もあったが、今できる精一杯のことだった。

予想外のことがおこったのは、『Shi-Ba』最新号が書店に並んでしばらくしたときだった。

発売から数日すると読者アンケートの返信がはじまる。面白かった特集について訊く項目では、多くの人が〈しばせん〉をあげていた。そして最終的な集計の結果、〈しばせん〉は平成十五（二〇〇三）年新年号の人気ページ第一位に輝いたのだ。しかも二位に大差をつけていた。

この結果には井上も驚いた。あの冷や汗ダラダラのなかで、苦しまぎれにひねり出したものが一位だって!?

嬉しい半面、企画から取材、撮影、編集作業まで時間をかけてつくった特集ページをはるかに超えた反響に、ちょっとだけ複雑な気持ちにもなった。雑誌に関わって十数年、つくづく編集という仕事は面白くて、そして難しいと思うのだった。


現在、川柳はあらゆるテーマやジャンルで詠まれている。夫婦や家族をテーマにした家庭川柳、高齢化社会を反映したシルバー川柳、こだわりのライフスタイルを十七文字に託したオタク川柳、各世代の想いを吐露するギャル川柳やアラサー川柳、アラフォー川柳など、インターネットで検索しただけでも多種多様な世界が描かれる。今や川柳は日本の伝統文化というよりも、世代を超えて親しまれている表現ジャンルのひとつといったほうがいいだろう。

川柳がここまでメジャーな存在になるのに、第一生命保険が主催するサラリーマン川柳、通称〈サラ川〉の存在は無視できない。

第一回は昭和六十二(一九八七)年にスタートした一般公募コンクールだ。毎年の応募作から百作品を選出して、そこから一般投票で第一位を決定するという形式は、スタート当時から現在まで変わっていない。世相や流行を反映した内容で、入選作は毎年多くのメディアに取り上げられている。

犬をテーマにした川柳は、井上の発明というわけではない。当時、すでにインターネットなどには犬の写真に川柳をつけたものがアップされることがあり、井上自身、『Shi-Ba』創刊以前の〝ひとり編集部時代〟に外部からの持ち込み企画で猫をテーマにした川柳本をつくったこともあった。

しかし既存のものを読んでみても、井上には犬や猫が話しているという感じがまったくしなかった。作り手の「どうだ、上手いだろう？」感とともに人間の都合を動物たちに押し付けている内容ばかりで、面白さを感じられなかったのだ。

そうして生まれた〈しばせん〉は、徹底的な犬目線だ。井上曰く、句だけ見ても日本語になっていないし、意味不明なものも多い。写真と合体して初めて腑に落ちる内容で、これはつまりリズム感があって余韻も楽しめる、写真につけるキャプション（説明文）なのだ。いつかまったく違ったノリのものをつくってみたい……。漠然と考えていたことが、思いがけない結果につながったのだった。

読者人気投票一位になったことをきっかけに、〈しばせん〉は次号にも掲載され、やがて『Shi-Ba』のレギュラー企画になった。

だが人気はそれだけにとどまらなかった。

平成十六（二〇〇四）年五月には『犬川柳　日本の犬編』が単行本として出版され、さらに同年十二月『猫川柳　純情編』が刊行。同書は犬種別版、猫版でそれぞれシリーズ化され、これまでに日本犬十五冊、コーギー四冊、ダックス二冊、チワワ一冊、猫十四冊の合計三十六冊、累計六十万部以上が発行されている。ユーモラスな写真と川柳の組み合わせはカレンダーにもなり、全国の文具店・書店などで毎年新シリーズが発売。今や動物カレンダーのひとつのジャンルとして定着している。

もとは台割ミスから生まれた企画が、意外にも編集部の屋台骨にまで成長することになったのだ。

＊

愛犬雑誌で欠かせないテーマのひとつ、それはしつけトレーニングの情報だ。たとえば「おいで」や「待て」ができるようになることは、万が一の逃走や事故を防ぐために必要だ。また子犬の時期から家族以外の人や犬、車やバイクなど様々なものにふれあう機会をつくることで、見知らぬものを怖がったりせず、威嚇や攻撃行動のないフレンドリーな犬に育てる意義は大きい。

井上も、犬を飼うならしつけは絶対に必要だと考えている。その一方で、しつけ本などで紹介されている内容やトレーニング方法に違和感を抱くことも多かった。

読めば読むほど、犬の行動に対してあれもダメ、これもダメと、禁止や矯正ばかりしているような気がしてくる。平たく言えば、なんだか堅苦しくてツマラナイのだ。しつけというのは、他人様に迷惑をかけない程度できればいいのではないか？　愛犬との生活が長くなるほどに、そんな想いが強くなっていくのだった。

　近所を散歩しているときなど、しつけに熱心なあまり愛犬のリードを乱暴に引いたり、声を荒らげる飼い主を目にすることがあった。飼い主の目は吊り上がり、犬はすっかり生気を失っている。その飼い主は、あきらかに愛犬との生活を何かのお手本にあてはめることに必死になっていた。

　そんな飼い主と犬に出会うたびに、井上は胸が塞がれるような気持ちになった。本来、愛犬との暮らしは楽しいものだ。それなのに、どうしてあんなことになるのだろう。

　ねえお父さん、あれに何の意味があるの――？

　もし福ちゃんに訊かれても、きちんと説明できないと思った。なぜならその多くは、人間の都合を犬に押しつけたものだからだ。犬は家族の一員と言いながら、優先されるのは飼い主が楽をするためのルールばかり。そんなの不公平じゃないか。

　だから井上は、犬の気持ちになって考えた。

　もし自分が同じことをされたら納得がいくのか？　嫌ではないのか？　腹が立たないのか？　そんな視点で考えると、巷にあふれるしつけ情報の数々がますます受け入れ難いものに感じられるのだった。

　それでは、しつけとは何なのか。愛犬の福太郎と暮らし、愛犬雑誌の編集長として多くの犬と飼い主に出会う日々のなかから見えてきたことがあった。しつけとは、犬が混乱しないで安心して人間と暮らすためのツールなのだ。

平成の時代に入り、室内で飼われる犬が多くなったことで人と犬の親密度は今までになく増したが、同時に愛犬の問題行動に悩む飼い主も増加した。むやみに吠える、咬む、散歩のときにリードを強く引っ張る、モノを壊すなどの行為に対して、多くの飼い主はしつけトレーニングのなかに解決策を見いだそうとする。

しかし、まずやるべきなのは、愛犬の気持ちを知ることなのではないのか。問題行動は愛犬からのサインだ。困惑している、怒っている、混乱している、不安が拭えないなど、心穏やかになれないものを抱えていることを飼い主に訴えている。飼い主が困っている以上に、犬たちは困っているのだ。

せっかく犬と暮らしているのだから、もっともっと犬と関わって彼らの気持ちを理解しようぜ！

そんな想いが井上のなかで日々強くなり、これは『Shi-Ba』の基本テーマにつながっていった。

愛犬と深くつき合うためには、相手を許容する大らかさと心の奥底を細やかに理解する感受性が必要だ。また愛犬ライフに笑いやユーモアは不可欠で、それもふくめて飼い主である読者の感性を激しく刺激したい。

そう考えた井上は、〝犬の本音〟と〝犬の行動に隠された真意〟を読者のもとに届けるため、誌面に登場する犬たちに多くの言葉を語らせるようになった。

その手法をとりいれた特集のひとつが〈柴犬喧嘩道〉だ。

柴犬などの日本犬は、ほかの犬種とくらべて喧嘩腰といわれることが多いが、理由は何なのか？　その謎を犬の視点から徹底解明したもので、それはもともと読者から寄せられた悩みや疑問から生まれた企画だった。

タイトルの〈柴犬喧嘩道〉に合わせるイメージ写真は、徹底したインパクトと威勢の良さをめざした。喧嘩といえば不良。昭和に学生時代を過ごした井上にとって、不良ファッションといえばリーゼントに学ランが定番中の定番だ。そして平成十五（二〇〇三）年の秋に〝来ているネタ〟のひとつが氣志團だった。

氣志團は、昭和の不良を極端にデフォルメしたファッションとノリのいいパンクロックが特徴の、ロックバンドだ。平成九（一九九七）年に結成され、現在も活動を続けている。

平成十四（二〇〇二）年に放映されたテレビドラマ『木更津キャッツアイ』をきっかけに全国規模で注目され、翌年八月のロックフェスは四万人を動員して大成功をおさめ、平成十六（二〇〇四）年には『ＮＨＫ紅白歌合戦』に初出場を果たした。またＮＨＫのトーク番組『トップランナー』に出演するなど、音楽業界だけにおさまらない存在感を世間に放っていた。

〈柴犬喧嘩道〉の扉ページに登場したのは、不良ファッションに身を包んだ四頭の柴犬だった。グループ名は氣志團ならぬ〝死馬團(しばだん)〟だ。気合いたっぷりのメンバーたちが、飼い主たちに向かって犬の本音を語りだした。

ナニ?俺らが喧嘩っぱやいって言われているそうだが、何もすき好んで喧嘩を追求しているわけじゃあない。俺らには俺らの事情があるってものなんだ。今回はそこのところ飼い主にわかって欲しいぜ、四露死苦(よろしく)!

喧嘩はしないに限る。しかし、なぜか柴犬などの日本犬がいるところには、威勢のいい鳴き声が響くことが少なくない。

その理由のひとつが、柴犬の容姿にあることは意外と知られていない。ひとつめのポイントは、ピンと立った三角形の耳。垂れ耳の犬にくらべて威張っている、威嚇していると勘違いされやすいのだ。

背中に向かってクルリと巻き上がった尻尾は、さらなる誤解につながっている。ほかの犬が遠くから見たときに、まるで戦闘態勢に入っているかのように見えてしまう。

また胸をぐっと張った直立姿勢も、同じく威嚇と思われやすい。飼い主にとってカワ

『Shi-Ba』8号

『Shi-Ba』13号

イイ三角の耳やキュートな巻尾、凜々しい印象の立ち姿が、実は犬の世界では喧嘩の引き金になっているのだ。

喧嘩になる組み合わせとしては、未去勢のオスどうしほど発生率が高く、不妊去勢手術済みの犬どうしは低い。基本的には雄が雌にダメージを与えることはなく、子犬や老犬など弱者を攻撃することもないといわれる。

だがそれも個体差が大きい。ただひとつ言えることは、散歩中に出会った相手に突然吠えかかるような犬というのは、実は臆病で恐がりなのだ。友好的な挨拶の方法がわからなければトラブルになるのは、人間の社会も犬の社会もまったく同じ。正しいお作法がわからない緊張や不安から、相手を威嚇してしまうケースはめずらしくないのだ。

さらに死馬團のメンバーは、犬の喧嘩には、飼い主の態度も深く影響していることを指摘している。散歩中にほかの犬に出会ったとき「うちの犬は吠えるんじゃないだろうか」と飼い主が緊張するとそれを敏感に感じとり、犬たちも不安になってしまうのだ。

誌面では、読者から募集した〝喧嘩話〟も紹介した。突然ノーリードの犬に襲われたなど、流血の惨事といわざるをえないケースもめずらしくない。外傷だけでなく、精神的ショックから家族も寄せ付けない状態が十五日も続いた犬もいる。

飼い主としては戦慄しないではいられない事例が並ぶが、こうしたトラブルがおきても法律は犬を〝物〟として対処しているため、訴訟はとても困難。記事では、そんな現実にも踏みこんだ。

物扱いされている俺たち。

「ちゃんとコイ出来るからノーリードでも大丈夫」なんて言ってる飼い主の油断が、俺たちを恐怖に陥らせるんだぜ。

愛犬を守れるのは飼い主だけ。死馬團メンバーは、すべての愛犬を代表して「そこのところ四露死苦！」と訴えるのだった。

＊

多くの飼い主が、愛犬の気持ちを知りたいという。それなのに飼い主たちは、なぜ本やインターネットばかり見ているのだろう。

雑誌を発行する立場からすれば矛盾しているかもしれないが、井上は「犬のことは犬に訊くのが一番」だと常々感じている。愛犬のことを理解したければ、もっと目の前の愛犬に注目するべきなのだ。

このコは今、どんな気持ちでいるのだろう？　そう考えながら愛犬の表情やしぐさをしっかりと見れば、その答えはおのずとわかってくる。

かつて寺山修司は〝書を捨てよ、町へ出よう〟と若者に発信したが、井上は〝書を捨てよ、犬を見よう〟と飼い主たちに訴えたい気持ちでいっぱいだった。正解は、いつだって目の前の愛犬のなかにあるのだ。

しかし、愛犬の気持ちがわかっているからといって、飼い主が常に正しく行動できるとは限らない。

「福ちゃ〜ん、ただいまー！」

深夜、帰宅した井上は、玄関にあがるなり福太郎をギュッと抱きしめた。あきらかに迷惑そうな福太郎は、一時は諦めたような顔になるが、やがて身をよじらせさりげなく脱出しようとする。そうはさせるかと井上は、ふっくらとした愛犬の胴にまわした腕に力をこめた。

「かわいーなー。福ちゃん、ん〜この香り最高！」

ほろ酔いの井上は、福太郎の頭に鼻を押しつけ、さらにキスの嵐を浴びせた。これ以上は我慢できないとばかりに、福太郎は激しく四肢をばたつかせた。

「あっ……、福ちゃーん、どこ行くんだよー？」

井上の腕からスルリと抜け出した福太郎は、玄関のわきの階段を駆け上っていった。

「ねえ、どうしていつも福ちゃんが嫌がることをするの？」

毎晩のことに、妻の美津子は呆れ顔だ。

「福ちゃんがかわいいから悪いんだよ。これは俺と福ちゃんの貴重なコミュニケーションなんだ！」

福太郎を追って、井上は二階に駆け上った。

愛犬と遊ぶときは、つい夢中になってしまうのが犬バカの性(さが)。これぞディープな愛犬ライフ。わかっちゃいるけどやめられないのだ。

第七話　スタッフ犬、続々デビュー！

犬を飼ったらしつけが必要。この考えが日本の飼い主のあいだに浸透しはじめたのは、平成の時代に入った頃のことだ。

犬のトレーニングはそれ以前にもあったが、主にシェパードなど一部の大型犬が対象で、警察犬訓練所が運営する施設に犬を預けて数週間から数か月間にわたり、プロの訓練士がトレーニングをおこなうものだった。昭和の時代の犬のしつけは〝人に任せるもの〟〝犬だけが頑張るもの〟で、しかも「うちの犬には、しつけなんて大げさなものはいらないよね」という飼い主のほうが圧倒的に多かったのだ。

一方、現在スタンダードになっているトレーニングは、飼い主と犬が一緒に取り組むもので、かつての人任せのものと方向性は百八十度変わった。こうしたスタイルは主に、平成初期にアメリカ、イギリス、ドイツなど欧米諸国のドッグトレーニング技術に目を向けていった人々によって広まったものだ。

ひとくちに犬のトレーニングといっても警察犬向けと家庭犬向けでまったく違うことに、ようやく日本人が気づきはじめたのだ。

家庭犬にしつけは必須という考えが広まったことで、日本で暮らす飼い主の常識や行動パターンは大きく変わった。それは愛犬たちの行動範囲を押し広げることになり、日本の愛犬ライフの大革命といってもよかった。ドッグトレーニングは、時間も手間もお金もかかる。飼い主にとっては大きな負担だが、それでも比較的短期間で浸透したのは日本の犬の飼育方法が大幅に変化したためだ。

きっかけのひとつは、平成初期のゴールデン・レトリーバーやラブラドール・レトリーバーのブームだ。

これらの犬種は人間のそばにいることを求める気質が強く、家族の一員としてリビングのソファなどでくつろぐことが大好きだ。その飼い主たちも愛犬と常に一緒にいられるようにと、大型犬との生活にマッチしたフローリング中心の欧米スタイルの住宅を選んだ。当時の日本人にとってまったく新しいライフスタイルで、そんなスタイリッシュな日常が雑誌やテレビなどで紹介されることで憧れとともに広がっていったのだ。

それによって、かつて日本人のあいだにあった〝犬を家に入れること〟への抵抗感は大幅に薄れていった。とりわけ大型犬を家のなかで飼うなんて絶対にあり得ないという固定観念は、スタイリッシュで幸福感あふれる実例の前でくつがえされていったのだ。それならほかの大型犬や中型犬も家のなかで飼えるはず——、と考える飼い主が増えていったことが、今日の愛犬ライフの主流につながっている。

こうして飼い主と犬の距離が、物理的にも精神的にも近くなったことで親密度は増したが、まったく新しいライフスタイルのなかで前例のないトラブルも発生するようになった。そこに登場した欧米スタイルのしつけをおこなうドッグトレーナーたちは、愛犬の問題行動に悩む多くの飼い主たちの救世主といってもよかったのだ。

だが平成一桁の時代のトレーニングは、犬にとって決して優しいものではなかった。基本方針は、良いことをしたら思いきりほめて、間違った行動には徹底的に「ＮＯ」と伝える、いわゆる〝飴(あめ)と鞭(むち)〟だ。しかもそれは、高度な技術とセンスを持つ卓越したプロフェッショナルでないとできないものだった。

一般的なレベルのトレーナーや飼い主にとっては難しすぎるメソッドで、多くの人は愛犬をほめるチャンスをつくれない。そのため〝鞭と鞭〟のトレーニングをおこなうことになってしまったのだ。間違った行動を徹底的に矯正する内容なので、怒鳴るだけでなく、殴る、蹴るという直接的な暴力も多用されることになった。その結果おこったのは、咬み犬の増加だった。

当時ドッグトレーニングに熱心だったのは、主にゴールデン・レトリーバーやラブラドール・レトリーバーなどの飼い主たちだ。

大型犬と室内で暮らすのなら、きちんとしつけをしなければ大変なことになる。そう考えた人々が厳しく接するあまり、愛犬たちは身の危険と理不尽に満たされた日々を送ることになった。もともとフレンドリーで人間が大好きな彼らだが、それにも限界がある。不安や恐怖から身を守るため、唸る、咬むなどの激しい攻撃行動をとるようになったのだ。

このときに広がったドッグトレーニングは、飼い主が愛犬のリーダーになるという考えがベースになったもので、飼い主には厳しく毅然とした態度が要求された。激しく吠えたり、物を壊す、咬むなどの問題行動の原因は、犬が飼い主をリーダーと認めず、犬がリーダーになっていると解釈されたのだ。

当時のドッグトレーニングの現場では、この状態をアルファシンドロームあるいは権勢症候群と呼んだ。問題解決にはまず犬をリーダーの座から引きずり下ろし、飼い主が上に立って犬を服従させることが必要と考えられ、そのためトレーニング内容は軍隊の訓練を彷彿させるものだった。

アルファシンドロームの「アルファ」とは、狼やチンパンジーなど群れで暮らす野生動物のリーダーをさす言葉で、それに飼い主と愛犬の関係をあてはめたものといわれている。しかし、もともと科学的な根拠はなく、ヨーロッパ諸国ではまったく認知されていない。そして現在、発祥のアメリカでもアルファシンドロームは完全な死語になっている。

ちなみに犬にもっとも近いとされている野生動物の狼は、かつては圧倒的な力を持つアルファの雄をトップに上下関係がはっきりした軍隊的な社会を形成していると考えられてきた。しかしここ数年の研究では、野生の狼は両親とその子どもたちで七、八頭の群れをつくり、餌場になる縄張りを守りながら生きていることがわかっている。群れ全体の行動を決めるのは両親で、子どもたちはそれに従う。年長の狼は両親の指示のもとで狩りを手伝ったり、年下の弟や妹の面倒をみながら生きるという。厳密な上下関係はあるが、その様子は軍隊というよりも愛情深い家族そのものといったほうがシックリする。

ここ十数年、犬の飼い主どうしが「〇〇ちゃんママ」「〇〇くんのお父さん」などと呼びあうケースが増えている。ばかばかしいという意見もあるが、飼い主が親で愛犬が子どもという位置づけは、動物行動学の観点からすると的外れなものではない。重要なのは犬を服従させる主従関係ではなく、犬から「この人を信じて行動すれば絶対に大丈夫」と思われる信頼関係なのだ。

＊

現在、多くの飼い主のあいだで認識されている〝ほめてしつける〟方針のトレーニングは、信頼関係の構築にポイントを置いたものだ。これはアメリカで長年、家庭犬しつけ教室や個人レッスン、カウンセリングなどの活動を続けてきたテリー・ライアンが広めた、犬の行動習性に沿って構築された欧米のメソッドだ。これまで複数回来日して講演やセミナーを開催している彼女は、日本の家庭犬のしつけの世界に大きな影響を与えたひとりとして知られている。

このメソッドが日本で広まりだしたのは平成十（一九九八）年前後のことで、その中心になったのは公益社団法人日本動物病院協会（ＪＡＨＡ）によるしつけインストラクター養成事業だった。既存の訓練士やドッグトレーナーの仕事は犬に教えることがメインだが、同会が認定するインストラクターは飼い主である人間に犬と楽しく暮らす方法を伝えることが仕事だ。この発想は日本人にとってまったく新しいもので、日本の飼い主と愛犬にとって〝黒船〟といっても大げさではなかった。

その第一期生の八木淳子（やぎじゅんこ）は、『Shi-Ba』創刊当時から犬のしつけや行動・心理について解説、監修をしているインストラクターだ。八木は〝飼い主が一緒に学ぶ〟をモットーにしたレッスンをおこなう、日本初の常設スクール「Can! Do! Pet Dog School」創設者のひとりでもある。開校当初から「楽しい内容で説明がわかりやすい」と人気を呼び、業界を牽引（けんいん）するインストラクターのひとりとして注目されていた。

編集長の井上が、そんな八木の評判を知ったのは『Shi-Ba』創刊準備を進めているさなかのことだ。犬にプレッシャーをかけるトレーニングなど、絶対にやりたくない。そう思っていた井上にとって、八木のメソッドは魅力的だった。

誌面づくりの際に是非協力を得たいと考え、八木が主宰する東京の成城学園前のスクールを訪ねた。

「今度、日本犬専門の本をつくろうと考えているんです」

さっそく用件をきりだした井上に、八木は即答した。

「日本犬専門というのは、雑誌の企画として難しいと思いますよ」

それは偏見などではなく事実だった。日本犬はいわゆる〝遊びの少ない犬〟だ。ゴールデン・レトリーバーやラブラドール・レトリーバーなど人気犬種がまとう、キラキラとした華やかなムードはほとんどない。欧米産の犬種の多くは基本的に人間が大好きで、愛情や感情表現も欧米人さながらにわかりやすい。

それにくらべると、日本犬の反応はかなり控えめだ。すでにいくつかのペット雑誌で監修の仕事をした経験がある八木は、あらゆる犬種のなかでも、飼い主とのエピソードがそこはかとない味わいに包まれることが多い日本犬は、愛犬雑誌の記事になりにくいと感じていたのだ。

「でも日本犬って、そういう質実剛健のなかにある深い味わいに面白さがあると思うんです」

八木の話を聞いて、井上は自分の想いを語りはじめた。

「よく〝怖そう〟とか〝愛想がない〟といわれるけれど、そうした表面的な意見を聞くとすごく悔しいんです。本当はそれぞれ個性があって、反応だっていろいろですごくカワイイ。この本で、日本犬にまつわる昔からの固まったイメージを払拭して、本当の魅力を伝えたいんです！」

柴犬などの日本犬が好き、なにより愛犬の福太郎が大好き。井上は、そんな想いをストレートに口にした。

また福太郎と一緒に暮らしていると、巷にあふれるしつけトレーニングの本の内容と違うことばかりおこる。その理由は何なのか？　ひとりの飼い主として素朴な疑問を口にする井上の言葉は、独特な説得力を持って八木の心に響いた。

八木は子どもの頃から、複数の捨て犬を保護して世話していた。その多くは日本犬系の雑種だ。さらに大学時代は、犬の保護団体に参加して行き場のない犬の新しい飼い主を探す活動をしていた。

しかし、いくら譲渡先を探してもすぐまた次の犬がやってきて、このままではキリがないと思った。保護犬のなかにも、たくさんの日本犬がいた。一度は飼ったものの、問題行動などを理由に飼い主に捨てられたのだ。

こうした不幸な犬たちを根本からなくすためには、捨てないように飼い主を教育することが必要だ。同時に八木は、心に深い傷を負った保護犬たちが〝犬生〟をやり直すためには、適切なリハビリテーションが必須と考えた。それがインストラクターになるきっかけで、保護犬の心のケアはこのときすでに八木のライフワークになっていた。

八木のクラスに集まるのは、当時人気のあったゴールデン・レトリーバーなどの洋犬が中心だった。その一方でインストラクター資格を認定するＪＡＨＡを通じて、日本犬の扱いに悩む飼い主から寄せられる相談にも対応していた。

原型のライアン式メソッドは洋犬には適しているが、日本犬にはあまり効果的ではないと感じていた八木は、保護活動時代の経験をもとに日本犬の気質にマッチした方法について研究を重ね、いつしか協会内では日本犬のケアが得意なインストラクターとなっていたのだ。

そして、八木の歴代の愛犬もまた日本犬系の保護犬だった。このとき一緒に暮らしていたのは、激しい攻撃行動を理由に飼い主から飼育放棄された柴犬だ。一般家庭への譲渡は難しいと判断していた八木に引き取られ、心身ともに救われた犬だった。

日本犬には、日本犬に適した接し方がある。飼い主がそれを理解すれば、日本犬も洋犬たちと同じようにパートナードッグとして暮らすことができる。そのためには日本犬が歩んできた歴史的背景、性格や気質が広く知られる仕組みが必要だ。長年そう思ってきた八木にとって、日本犬専門雑誌のプランは共感できる要素が多かった。

それにこの人、なんとなく好感が持てる……。

八木がそう思ったのは、井上自身もどこか日本犬的な空気をまとっていたからだ。熱心ではあるが、語り口はお世辞にも饒舌とはいえない。服装はシンプルで、立ち居振る舞いにも洋犬のような華やかさは感じられない。社会人としてやっていく最低限の社交性は持ち合わせているのだろうが、どちらかといえば群れるのが苦手な不器用な雰囲気が漂う。他人はともかく自分は自分、というムードがすごく日本犬的だ。

なにより「柴犬が好きでたまらない！」という想いが強烈に伝わってきた。愛犬雑誌の編集者と話していると、この犬種がブームだから、カワイイ写真を載せれば売れるから、といった安易な意図が透けて見える瞬間が度々あった。だが井上には揺るぎない、地に足がついた印象を強く受けた。

この人と、日本犬か……！　その組み合わせは、八木にとってとても納得がいくものだった。

＊

「はあ、犬いいな〜！」「あー、犬飼いたい！」「ほんと。やっぱいいよねー、犬」

『Shi-Ba』スタッフのあいだでは、こんな会話がなんどもかわされるようになっていた。

最初は単なる願望だったものも、実際に取材を通じて犬に関する知識が深まるにつれ、リアリティを持った欲望にかわる。そして実際に柴犬と暮らす編集長の井上、カメラマンの佐藤の様子を見ているととにかく楽しそうで、悔しいけれど羨ましい。そうなると愛犬ライフの夢はますます膨らんでいく。

先陣をきったのは、ライターの青山だった。創刊以来、青山はカメラマンの日野道生と組んで、狩猟犬と暮らす飼い主の生活ぶりを紹介する連載ルポを担当してきた。強い絆（きずな）で結ばれた飼い主とともに、野山を自由に駆け回る猟犬の様子を伝えるページは、長年この国で生きて愛されてきた日本犬の原点にスポットをあてるもので『Shi-Ba』連載企画の三本柱のひとつだ。

初めて井上に会ったとき、青山は犬について積極的に語る様子はほとんどなかったが、それは興味の対象があまりにも広かったためでもあった。青山は自称〝ポリシーと節操が欠如して仕事のジャンルが広がりすぎた、テキトーな性格のお便利ライター〟として、旅行ネタから歴史、スポーツなどあらゆるジャンルをカバーしながら、犬の話題も興味の対象にしっかりと入っていた。

その守備範囲の広さをいかして、青山は『Shi-Ba』創刊時からコラム連載も担当。特集企画ページでも複数の原稿を書き、隔月刊行になってからはますます犬がらみの仕事比率が増えていった。

平成十五（二〇〇三）年早春。青山は、とうとう決断した。

「犬、飼うことにしました。犬種はもちろん柴犬。名前は、りんぞーです」

「そうなんだ！　それじゃ、次の号でなんかやってもらうわ」

井上に報告すると、りんぞーは自動的に『Shi-Ba』スタッフ犬三号に就任した。青山は心のなかでガッツポーズをした。スタッフ犬一号の福太郎、スタッフ犬二号のポジは、同誌の専属モデル犬としてなくてはならない存在だ。編集部内の地位は、人間のスタッフよりもはるかに高かったのだ。

そのメンバーにりんぞーが加わる！　誌面を飾る！　これほど嬉しいことがあるだろうか。以前ならほかにもあったのかもしれないが、りんぞーと暮らす今、これ以上のことはほかに思いつかなかった。飼い主になってまだ日は浅いものの、青山はすっかり犬バカの仲間入りを果たしていた。

初仕事は、福太郎とポジの、二頭の先輩スタッフ犬と一緒の撮影だった。

りんぞーは、生後四か月で散歩デビューしたばかり。まったく物怖じしない、元気いっぱいの子犬らしい子犬だ。まだ犬どうしのつき合い方を知らないので初対面の犬にも傍若無人にじゃれついて、礼儀もなにもあったものではない。

だが散歩の途中で出会う犬たちは「相手が子どもじゃ仕方がない」とばかりに好き放題にさせてくれていた。寛容で大人なご近所犬たちに感謝しつつも、青山はりんぞーの将来に不安を感じはじめていた。まもなく子犬時代を卒業したら、あんな行為はとても許されないだろう。本格的に痛い目に遭う前に、誰か軽く〝犬の道〟を教えてくれる兄貴的な犬がいないだろうか……。

そう思いながら挑んだ撮影当日、りんぞーは先輩犬たちに失礼の限りをつくしていた。対して福太郎とポジは、大人の余裕でかわしている。二頭は成犬の雄どうしながらとても仲が良く、撮影は終始穏やかなムードのなか順調に進んでいった。

そんな二頭のまわりをガチャガチャと飛び回るりんぞーは、思慮分別の片鱗もない。あまりに幼すぎて、教育の対象にもならないのか……。青山はため息をついた。しかし撮影が終盤にさしかかったとき、状況は一変した。

キャン、キャン、キャイーン！

突然、りんぞーの情けない声が響いた。スタッフの視線を集めるなか、馬乗りのマウントポーズをキメているのはポジだった。

うらぁぁぁ！　煩わしいんだよぉ。このクソガキぃぃぃ！

そのとき青山には、ポジ兄貴の心の声が聞こえたような気がした。体重十五キロと柴犬のなかでも特に巨大な成犬だけあって、ものすごい迫力だ。

りんぞーは首元をガッチリと咬んで押さえつけられて、身動きひとつできなくなっている。もちろん相手は子犬だから、ポジはケガさせないよう手加減している。だが、もしもこれが成犬どうしだったら……？　そう考えると完全に勝敗が決まった体勢だった。

青山は、満足だった。これでりんぞーも、少しは大人の犬の世界の怖さがわかっただろう。だが生来のやんちゃぶりは、そんなものではおさまらなかった。その翌月、りんぞーは子犬ながら堂々たる態度と面構えで『Shi-Ba』十一号の表紙を飾り、そしてしばらくご近所犬たちを子犬パワーで蹴散らし続けていたのだった。

＊

編集者の宮﨑が柴犬を家族に迎えたのは、りんぞーがスタッフ犬に加わってから半年ほどしたときのことだ。愛犬の名前は文太。一緒に暮らし始めたその日から、宮﨑の頭のなかは「どうやって文太をデビューさせるか」でいっぱいだった。

新入社員として『Shi-Ba』編集部に配属されたときは、犬を飼った経験どころかまともに触ったこともなかった。スタッフ犬一号の福太郎から「犬とは何か？」について徹底的に叩き込まれた宮﨑は、柴犬の魅力をザブザブと浴び続けながら少しずつ成長。スタッフ犬二号ポジとの出会いによって、未去勢の雄の魅力に激しく惹きつけられる経験を経て、すっかりディープな犬好きへ変貌していた。

そうなると井上や佐藤、青山が羨ましくて仕方がない。

「いいな〜。私も犬と暮らしたい……」

しかし、犬好きがエスカレートするほどに、今の生活サイクルで責任を持って犬を世話することはとてもできないことも自覚していた。

〝井上編集部〟が複数の雑誌を扱うようになってから、仕事はますます忙しくなっていった。出勤は午前十時と一般企業にくらべて遅めだが、連日終電ギリギリまで仕事をして、八王子の自宅に着くのは夜中の一時半すぎだ。さらに週末も取材や撮影が入り、激務の日々が続いていた。ある意味、すでに柴犬どっぷりの毎日を送っていたのだ。

そんな宮崎の生活は、やがて家族にも影響をおよぼしていった。実家暮らしの宮崎は『Shi-Ba』が発行されるとかならず家に持ち帰り、柴犬がいかにカワイイかをことあるごとに両親に話して聞かせた。もともと犬への関心がなかった両親も、いつしか宮崎と同じように柴犬の魅力に惹きつけられていったのだ。

母親が「犬を飼おう」と言ったのは、父親の定年退職がきっかけだった。『Shi-Ba』誌面の監修・撮影協力でつき合いのある柴犬専門ブリーダーの犬舎が、たまたま実家の近くにあったので家族で訪れた。数頭の子犬がいるなか、さっそく両親は愛らしい雌に目を奪われていた。

しかし、宮崎の目にとまったのは、なかでも特に大きな雄犬だった。目は柴犬らしからぬ垂れ目で、口のまわりは真っ黒のいわゆる泥棒顔だ。発育が良いからとびきり敏(びん)捷(しょう)かというとそうでもなく、どちらかといえばボーッとしているところもツボだった。両親の「こっちの雌犬のほうが……」という声は速やかに却下され、文太は、ほぼ留守番ゼロという絶好の条件のもとで宮崎家の一員になった。

文太という名前は、犬舎にいたときにつけられた血統書名だった。多くの飼い主は愛犬を迎えたときに新しい名前を考えるものだが、宮崎が「この名前しかない」と思ったほど、子犬はどこから見ても〝文太〟という面構えをしていた。

文太が新しい環境に慣れてくると、宮崎は編集者の権限を最大限にいかして誌面デビューの準備を本格的に進めた。これまで多くの柴犬を見てきたが、文太ほど味わい深くてカワイイ犬はいない。スタッフ犬四号としての初仕事は、華々しく表紙を飾るのがもっともふさわしいと考えた。しかし長時間の移動で文太が疲れたら大変だ。だから撮影は、自宅にスタッフを呼んでおこなうことにした。

撮影当日、井上と創刊号から表紙を担当しているカメラマンの中川が到着すると、さっそく宮崎は自慢の文太を紹介した。宮崎家にやってきた日から、夜鳴きもせず健康で基本的に手がかからない文太は、見知らぬスタッフに囲まれても動揺もせずに大らかにかまえていた。

井上がさっそく文太をワシャワシャと撫でた。

「おー、おまえが文太か。ブサイクだなー！」

「ブサイクって言わないでください！　こんなにカワイイのに!!」

宮崎は全力で抗議したが、その声は井上の笑い声に無惨にもかき消されていった。ここで言うブサイクは、むろん褒め言葉だ。この日初めて会った文太は、ほかの柴犬には真似のできない個性をいかんなく発揮していた。ただの「カワイイ」だけでは表現しきれない魅力にあふれていたのだ。

「文太が来てから楽しくて」

「本当にかわいくて、いいコなんですよ」

「この垂れ目、最高ですねー」

いつのまにか宮﨑の両親と井上が、和やかに盛り上がっていた。

職場の上司が部下の自宅におもむき、両親と対面するというのはかなりめずらしい状況だ。しかし愛犬雑誌の編集の仕事から発展した〝犬バカスピリット〟が、いつのまにか仕事とプライベートの境界線を越えて家族ぐるみのつき合いを成立させていた。

表紙は毎号、白バックで撮影すると決まっている。中川がテーブルの上に白い布を敷き、後ろに白いスクリーンを張る。手早くライト、レフ板をセッティングすればミニ撮影スタジオの出来上がりだ。

じっとしていない子犬の撮影は、時間との勝負だ。

「文太〜！」

宮﨑がテーブルに乗せられた文太に声をかけると、一瞬だけカメラ目線になる。そのタイミングで中川がシャッターをきっていく。そのかたわらで文太の顔をあらためて正面から見つめる井上は、やたらと嬉しそうだ。

「すげえな文太！　こんなブサイクな柴犬の子、見たことないぞ」

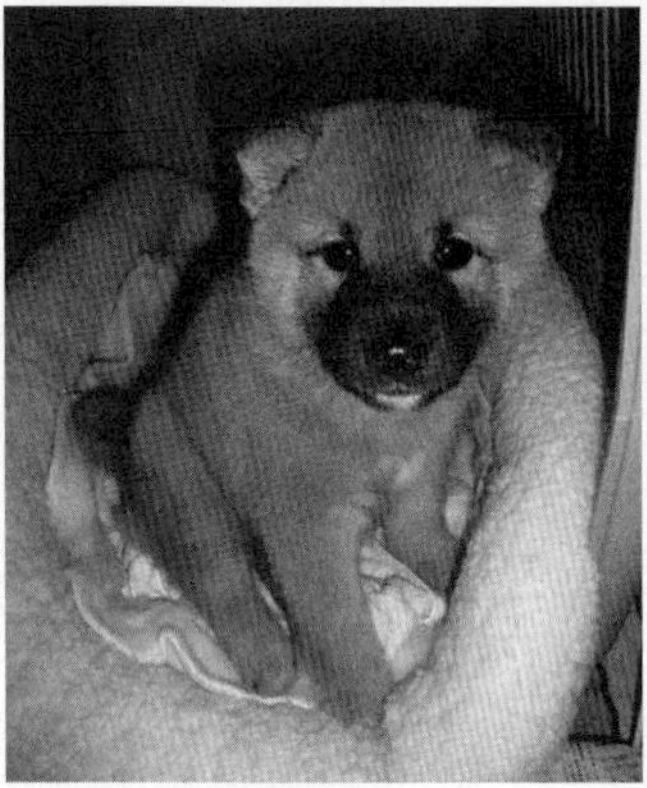

宮﨑家に来てまもない頃の文太（提供：宮﨑友美子）

青山家のりんぞー（提供：左右ともに佐藤正之）

文太は生後三か月でありながら、大らかを突き抜けたふてぶてしいオーラを発し、全身からオヤジ臭さをただよわせていた。垂れ目で、泥棒顔で、そのうえオヤジ臭いと個性的な要素が揃いすぎている。この子は今後、どうなるのか……？　井上をはじめとするスタッフたちは笑いをこらえながら、子犬の将来を案じるのだった。

＊

スタッフ犬が続々とデビューを飾り、編集部はますますにぎやかになっていった。だが新人は、犬だけではなかった。

ようやく理想の雑誌を見つけた――。編集者の楠本麻里(くすもとまり)が初めて『Shi-Ba』を手にしたのは、創刊からしばらくしてからのことだった。総合愛犬情報誌の編集部で働いていた楠本は、犬好き編集者としてキャリアを重ねながら、次のステップについて考えるようになっていた。

商業誌として発行されている雑誌の多くは毎年、年度の初めに一年分のラインナップが概ね決定することが多い。特に巻頭をかざる第一特集とそれに続く第二特集の内容は重要で、それをもとにクライアントに営業をかけて、年間の広告収入計画をたてるというのが一般的なビジネスモデルになっている。

しかし、それではタイムリーな話題をからめた企画は取り入れにくい。クライアントの反応を考えると、特集の方向性もいくつかのパターンに陥りがちだ。利益を考えることは重要だが、現場で仕事をする編集者として物足りなさを感じることも多かった。もっとタイムリーでディープな内容に迫る、スピード感のある仕事がしたい。既存のスタイルに縛られないスタンスで、雑誌づくりに関わることはできないのだろうか……。そう考えていた楠本にとって、『Shi-Ba』の発見は衝撃そのものだった。

まず、創刊号の表紙を飾る、唐草模様のバンダナを巻いた柴犬のかわいらしさに完全にノックアウトされた。誌面ではあらゆる個性の柴犬たちが、大暴れという表現がピッタリの活躍をしていて、愛犬雑誌のカテゴリーを超えて今までに見たことがないと思うページばかりだ。特集内容やタイトル、コピー、写真のキャプションにいたるまで、どれもセンスがぶっ飛んでいる。それらは、こちらが心配になってしまうほど自由で笑いにあふれたものばかりだった。

ここで働きたい……、いや働こう！　巻末のスタッフ募集記事を見た楠本は、即座に転職を決意した。彼女は、キャリアのある専属編集者を求め続けていた井上にとって、「ようやく」という表現がピッタリの応募者だった。

初出勤の朝。楠本がはりきって編集部に行くと、そこには誰もいなかった。井上も宮崎も、それぞれ取材に出ていて不在だったのだ。

ようやく一行が戻ってきたのは、夕方遅い時刻だった。気配を感じた楠本が入り口に目をやると、二頭の柴犬が視界に飛び込んできた。この日のロケでモデルをしていた福太郎とポジで、やや興奮ぎみに編集部フロアを歩いている。

わぁー、犬だ！　本物の柴犬があたりまえのように会社にいる！

感激しながら楠本は、愛犬のリードを握る井上にペコリと頭をさげた。

「今日からお世話になります。楠本です」

「ああ、今日からだっけ」

この日、井上は朝から犬連れピクニック企画の撮影のため、高尾山に出かけていた。メンバーは福太郎、カメラマンの佐藤とポジ、ライターの上遠野だ。天気に恵まれて最高のロケ日和だったが、スタッフ犬として頑張った二頭はさすがに疲れている。

「それじゃ、明日！」

井上は、愛犬を連れて慌ただしく帰っていった。こうして転職初日は、ろくに言葉をかわす間もなく終わった。

入社からしばらくして、楠本は〝井上編集部〟の基本方針が、少しずつ把握できるようになってきた。それは閃き的なキーワードを原点に、あの手この手で企画を生みだすというもので、平たく言えば「とにかく、なんか面白いことをやれ！」というものだ。

もともと『Shi-Ba』のファンの楠本も、いざ作り手側にまわってみると驚くことが多かった。たとえば連載ファッションページ〈シバコレ〉の制作の現場。当時、犬に洋服を着せるのは、一般的にチワワなどの小型犬に限定されていたため、柴犬をモデルにしたファッション撮影現場を初めて見たときには大きな衝撃を受けた。グラビアには女性誌やファッション誌と同じように、テーマやストーリー、さらに笑いやユーモアの要素もある。

特集ページについても同様で、こうしたセンスや企画力は専属編集者にもっとも求められていることだった。一日も早く戦力になりたい！　そう思った楠本だったが、入社したばかりでできることは限られていた。

そんなとき宮崎から〈シバコレ〉の新しいテーマが決まったことを聞いた。タイトルは〈嗚呼（ああ）、懐かしの昭和の風景～犬と人が一番元気だった頃〉だという。この頃〈シバコレ〉はファッションの枠だけに収まらない、柴犬を主人公にひとつの世界観を表現していく方向へ変化しはじめていた。要するに毎号の企画出しでアイデアが苦しくなるなか、柴犬モデルのみで誌面に変化をつけるのが難しくなっていたのだ。

撮影は、都内にある古民家を改装した昭和テーマパークでおこなうことになっていた。貧しいけれど未来への夢を描く子ども役の柴犬を主人公に、亭主関白な父、苦労を重ねる母という昭和の家族の日常を描く演劇ふうの内容だ。

柴犬は、読者の協力を得て飼い犬にモデル犬になってもらうが、人間のモデルも準備しなくてはならない。だがプロのモデルを雇う余裕はないため、スタッフや関係者のあいだで適任を探す必要があるという。この編集部のスタッフは、そんなことまでやっているのか。驚きつつも楠本は、それが今自分のできる仕事のひとつだと思った。

「私、昭和のお母さん役やります！」

楠本のなかで、テーマに合わせた昭和の母親像がみるみる固まっていった。タイトルページは、庭先に置いた七輪でサンマを焼く場面。ここでは首の汗を拭う手拭いに、モンペ、足元はつっかけサンダルが似合いそうだ。

メインのグラビアページは、昭和のお父さんの得意技〝ちゃぶ台返し〟のシーンだ。ここではベージュピンクの地味めなニットに白い割烹着風エプロンがマッチしそうだ……。

そんなアイデアがスルスルと出るのは、楠本が中学・高校時代に演劇部に所属していたからだ。女子校だったので、男役をはじめ老け役や汚れ役など豊富な経験がある。三十代なかばで、誌面に〝おばちゃん〟として登場することに抵抗を感じないわけではなかったが、半年後に結婚することが決まっていたことから、ある意味で今後の心配なしに仕事に集中できる環境が整っていた。

撮影当日、宮崎は進行管理のかたわら、小道具のちゃぶ台に皿や茶碗の一部を貼り付ける作業を進めた。これはちゃぶ台がひっくり返る瞬間を表現するための工夫だ。一方、楠本は進行管理を手伝うかたわら、タイミングをみはからって自前で準備した衣装に身を包んだ。貫禄たっぷりの昭和の肝っ玉母さんに変身した楠本は、モデル役の柴犬のかたわらで昭和の風景にとけこむ卓越した演技を披露した。

昭和がテーマの〈シバコレ〉は、読者アンケートでも好評だった。これをきっかけにさらに〝おばちゃんキャラ〟を磨く一方、数々の名物企画を生み出していった楠本は、やがて『Shi-Ba』編集部になくてはならない存在になっていくのだった。

第八話　兄貴、星になる

ここも、とうとうダメか……！　がっしりと張り巡らされた金網を見て、井上は大きなため息をついた。今日は久しぶりの休日で、朝から福太郎とゆっくりと散歩を楽しんでいた。めざすはお気に入りの〝ボール遊びスポット〟だ。

福太郎が子犬の頃、自宅近くにはあちこちに広い空き地があった。そこは福太郎が一番好きなボール遊びができる場所。一度始まると、目を輝かせながら倒れる寸前まで走り回る。ぽっちゃり体型の福太郎が、実は筋肉質の〝走れるデブ〟として体力や筋力を維持できたのは、こうした環境があったからだ。

だが都心への通勤が便利なエリアだけに、ここ二、三年で急激な宅地開発が進んでいた。これまでボール遊びスポットだったいくつかの空き地が、突然立ち入り禁止になってしまうということが続いていて、福太郎にとって至福の場所は次々と奪われていた。近くの公園は犬を入れることを禁止して、ボール遊びどころではない。そして最後の頼みの綱だった空き地でも、まもなく巨大マンションの建設工事が始まろうとしていた。

キュウ、キュウ、キュウ〜！

福太郎は、金網越しに広場を凝視しながら必死に訴えた。目の前に広場があるのに、ボール遊びができないなんて納得がいかないのだろう。だがこればかりは、どうすることもできない。

「福ちゃん、行こう」

井上がリードを引いて促そうとしたが、福太郎は頑として動かなかった。仕方がないので抱き上げてその場を離れたが、かわいそうなことをしたと思った。

それ以降、散歩コースは住宅街を歩くだけになってしまった。二か月くらいすると福太郎もそんな生活に慣れていったが、目をキラキラさせて走り回っていたかつての姿とくらべると、どことなく生気を失ったような印象だった。

犬にとって、どんどん生きにくい社会になっていくな……。そんなことを感じないではいられなかった。

散歩から帰ると、井上は福太郎の横でゴロリとなった。手を伸ばして福太郎を無心に撫でていると、日頃の疲れから静かに解放されるような気分になった。

そのとき、井上の指先に何かが触れた。最初は気のせいかと思ったが、福太郎のお腹をもう一度触ってみるとはっきりと違和感があった。皮膚の一部が弾力を失い硬くなっている。こんなもの、いつからあったのだろう。

「福ちゃん、これ、どした……？」

小さいが、それはあきらかにしこりだった。

井上は、すぐに動物病院を訪れた。

「これは、腫瘍（しゅよう）ですね」

マジ、か……。

診察にあたった獣医師が発した言葉は、飼い主としてもっとも恐れていたことだった。

「……でも、おそらく良性でしょう」

そこで少しだけ脱力した。とはいえ、はっきりしたことは精密検査をしてみなければわからないという。

しこりの一部を採取して、専門機関で検査の結果が出るまで約一週間。祈るような気持ちですごした井上は、それが単なる脂肪の塊（かたまり）だったことがわかり、ようやくホッとすることができたのだ。定期的な健康診断は毎年一回受けているが、これからは福太郎の身体的な変化にもっともっと気をつけてやらなければ、と思うのだった。

井上のもとに、思いがけない知らせが届いたのは　平成十六（二〇〇四）年二月に入ってまもなくのことだった。

「井上さんには、報告しておいたほうがいいと思って」

電話は、カメラマンの佐藤からだ。どこか様子がおかしい。撮影時の犬バカ全開といったノリで、絶えず犬に話しかけているときとはまったく違っていた。告げられたのは、衝撃的な内容だった。スタッフ犬二号のポジが、かなり衰弱しているというのだ。

「ポジくんが!?」

「ここ数日で急に。もうかなり厳しい状態でね……」

佐藤の説明に、井上はまったく言葉が出てこなかった。

ポジが癌におかされている――。

その話を初めて聞かされたのは、前年の初夏だった。大変なことになった。そう思ったものの、愛犬の闘病という状況について詳しくわからない井上にできることはほとんどなかった。ともあれ治療を最優先にして、それ以降の撮影には参加させないことを決めた。

その一方で井上は、特集企画などにマッチするものがあれば、過去に撮影したポジのショットを誌面に掲載していた。つまり『Shi-Ba』を見るかぎり、ポジは〝兄貴〟の貫禄を漂わせるスタッフ犬二号として、以前と変わらずに活躍していたのだ。

そんなことからポジが闘病中という事実に、井上自身もどこか実感が持てないところがあり、それだけに病状悪化の知らせは大きなショックだった。

翌日、ポジを見舞うため井上は、佐藤のもとを訪れた。

「ポジくん……!」

数か月ぶりに会うポジは驚くほど痩せていて、その姿に愕然とした。

ポジの様子がおかしいと佐藤が気づいたのは、前年の春先のことだ。

犬連れピクニック企画で高尾山にロケに行った後、右目のあたりを気にして前肢で掻くようなしぐさをくりかえした。山歩きの途中で虫にでも刺されたのだろうか？　そう思って被毛や皮膚を丹念に調べたが、それらしい様子はなかった。まもなく涙が止まらず目をこすりだしたため、動物病院に連れていったが原因がわからず、点眼薬を投与したが症状はひどくなるばかりだった。

やがて顔の造作が変わってしまうほど右目が腫（は）れ、激しい痛みをうったえて鳴くようになった。細菌感染の疑いから抗生物質を投与したが、症状は変わらない。原因不明の痛みに耐えるポジは、ガタガタと身体を震わせ続けるのだった。

ただごとではないと判断した佐藤がＣＴとエコー検査を受けさせたところ、ポジの右の眼球の裏側に癌があることが判明した。担当の獣医師は眼球摘出を勧めたが、佐藤は迷った。このときの検査結果だけでは、癌の種類や詳しい症状についてわからなかったからだ。方法はひとつだけなのか？　一週間悩み、一度は手術を決心したが、先に進めていた免疫療法の効果があらわれだしたため、獣医師と相談を重ねて手術はしない方向で治療をおこなうことになった。

やがて癌の詳細が判明した。病名は扁平上皮癌（へんぺいじょうひがん）だった。これは皮膚や口腔（こうくう）内にできやすい癌のひとつで、動物の癌のなかでも症例がすくなく進行が速いのが特徴だ。ようやく原因がはっきりとしたものの、突きつけられた現実は佐藤にとって辛すぎるものだった。

＊

やがて抗癌剤治療がスタートした。

それは動注療法と呼ばれるもので、体内に埋め込んだカテーテルにポートと呼ばれる装置をつなげて抗癌剤を注入する方法だ。少量の薬剤をピンポイントで癌に投与できるため、副作用を最小限におさえることができる。

当時、人間の医療現場には導入されていたが、動物病院での実施例はほとんどなかった。できる限りのことをやりたい、とりわけポジを痛みから解放してあげたいという一心で、佐藤は新しい治療法に望みを託したのだ。

抗癌剤の効果で、やがてポジの痛みはやわらいでいった。しかし副作用によって血液をつくることが難しくなり輸血が必要になった。獣医療の世界では、輸血用の血液バンクのようなシステムはない。動物病院で飼育する大型犬に供血を頼っている例がほとんどで、血液の確保だけでも難しく医療費も高額になる。それでもポジは、治療をしながら合計三回の輸血を受けた。それはペット医療のなかでも異例のことだった。

年があけてからポジの体力は急激に衰えた。

井上が見舞いに訪れたときは、すでに二十四時間態勢の看病が続いていた。一月下旬から呼吸機能も低下したため、自宅に酸素テントを張ってポジを寝かせた。一時はいつ呼吸が止まるかわからない状態だったこともあり、身体や首の位置を変えるなど付ききりの看病が必要だった。仕事を休んで夜通し世話にあたっている佐藤の妻は、疲労が限界に達していた。そして佐藤もまた、朝は毎日、仕事に出かけるまえにポジを病院に連れていくという生活を続けていた。

壮絶な闘病生活。その現実に、井上は絶句するばかりだった。

それでもポジには楽しみがあった。それは自宅から公園までの散歩だ。少しでも身体が楽になると、ポジは外に出たがった。

「あそこに行けば、友だちに会えると思っているのかな。でも途中で痛くて大声で鳴きだしたり、疲れて歩けなくなって抱っこで帰ってくることも多くて……。今はもう、家のまわりを歩くのがやっとなんだけどね」

佐藤は、ポジに防寒着とリードを着けて外へ出た。

かつての堂々とした体軀（たいく）を知る井上の目に、やせ細ったポジの姿は痛々しかった。しかし道を歩きだせば、足どりは思いのほかしっかりしていた。なによりポジが嬉しそうで、その様子に少しだけ心が和んだ。

「ポジくん、散歩はいいなぁ」

井上は、優しく話しかけた。

刻々と時が迫っていることは否めない。でもまだしばらくは、こんな穏やかな時が続くことを信じたかった。

＊

訃報が届いたのは、その数日後のことだった。朝、佐藤はいつものように動物病院にポジを預け、そのまま仕事へ出かけていった。まもなく嘔吐（おうと）のショックで、ポジの心臓が停止した。すぐに獣医師が心臓マッサージをおこなったが、佐藤が病院に到着したときにはすでに事切れていた。

平成十六（二〇〇四）年二月十四日、それはバレンタインデーだった。

優秀なモデル犬にして、モテることを〝犬生〟でもっとも大切にしていたポジは、生涯を通じてすべての雌犬にジェントルな態度を貫いた。相手が女の子であれば、吠えられても唸られても、ひたすら低姿勢のまま優しく接していた。そんな彼が、長く続いた苦痛からようやく解放されたのは、一年のなかで日本がもっとも愛で華やぐ日だったのだ。

それは佐藤をはじめポジを知るすべての人に「ちょっと出来すぎだが、ポジくんらしい」と思わせる最期だった。

はじめまして。

僕の名前はポジくんといいます。

四歳になる雄の柴犬です。

お家は渋谷の近くにある写真撮影スタジオで、お父さんの仕事はフォトグラファーです。


そう、すべてはあのメールから始まった。佐藤と出会えたのは、ポジくんのおかげだったのだ。井上と互角といっても大げさではない犬バカぶりを発揮する佐藤、それをサポートする愛犬のポジ。このコンビなしに、今の『Shi-Ba』はなかっただろう。

ポジの告別式は、都内の寺院でおこなわれることになった。当日、井上は喪服に身を包み会場に向かった。編集部の長として、スタッフの最期に最大の敬意を払いたいと考えたのだ。告別式は、編集部のスタッフや生前ゆかりのあった人など二十名近くが集まり、各地から送られた花で埋め尽くされる盛大なものとなった。

ポジはスタッフ犬二号として、これまで様々な企画ページで大活躍してくれた。難しいポーズや微妙な立ち位置の調整など、指示を出せば理解して自ら動くことができる、モデル犬として一流の才能を備えていた。それはもちろん、飼い主である佐藤の愛情を一身に受けて育ってきたからだった。

それからまもなく井上は、『Shi-Ba』十六号の編集後記でポジが旅立ったことを発表した。それを読んだ読者から、ポジへの手紙や花が数えきれないほど送られてきたのだった。

さらに翌十七号では、ポジの追悼(ついとう)特集が組まれた。

〈本誌モデル犬を務めたポジくん　2月14日、ガンに死す。〉のタイトルと共にページを飾ったのは、蝶(ちょう)ネクタイの正装でキメたダンディーなポジのポートレートだった。闘病の詳しい経緯についての記事は、獣医療関係の分野が得意なライターの上遠野が担当した。

特集ページでは、これまでのポジの活躍を振り返る想い出のシーンも紹介された。福太郎と一緒に子ども用プールで遊ぶ場面、広いグラウンドでラガーマンに扮したところ、デヴィッド・ボウイ顔負けのド派手な衣装に身を包んだファッションページ、そして新しいスタッフ犬三号のりんぞーに〝兄貴〟の貫禄を見せつけたツーショットなど、過去に掲載された名場面ばかりだ。

佐藤にとってもっとも想い出深いのは、『Shi-Ba』九号に掲載された温泉旅行企画のロケで群馬を訪れたときのものだった。なかでも気に入っているのは、途中で立ち寄ったカフェで撮影したものだ。椅子に座って優しい眼差(まなざ)しを愛犬に注ぐ佐藤と、それを見上げるポジ。撮影したのは当時、佐藤のアシスタントで独立後も同誌で仕事を続ける奥山美奈子だった。旅の途中の寛ぎタイムをとらえたツーショットは、飼い主と愛犬の幸せの記録となった。

観光スポットでの撮影を終えてロケの一行が宿をめざしていると、途中で雪がしんしんと降り始めた。おかげでラストのページに掲載された露天風呂のシーンは、山の宿にふさわしい情緒あるものになった。

犬専用の温泉は三十八度とややぬるめ。湯船で目を細めるポジの表情は、渋い岩風呂のムードと最高にマッチしたものになった。そのバックにうっすらと浮かぶのは、頭に手拭いを載せて人間用の風呂に浸かる佐藤の姿だった。ちょっとシュールでユーモアあふれる、珍道中のしめくくりにピッタリのショットになった。

だがこの写真を撮影したとき、実は濡れるのが嫌いなポジが少しだけご機嫌ななめだったことは、読者には内緒だった。それでもこれほどの名場面が生まれてしまうのだから、やはりポジはモデル犬として只者ではない。

わずか六歳にして、編集部天国支部へと居を移したポジ。だが彼の生涯はまちがいなく、どんな犬も経験できないことだらけの濃いものだった。ポジは永遠に佐藤の愛犬で、そして永遠に『Shi-Ba』のスター犬なのだ。

2月14日、ガンに死す。

本誌モデル犬を務めたポジくん

本誌のモデル犬として大車輪の活躍を見せてくれていたスタッフ犬2号こと、ポジくん。そのマイペースな性格と女の子大好きな茶目っ気で、読者の方たちに愛されていたが、実は昨年、ガンに冒されていた。およそ1年のガンとの闘いの末、今年の2月14日、虹の橋を渡った。享年6歳。ポジくんの本誌での活躍を振り返りながら、ガン闘病の話を飼い主である佐藤正之カメラマンに聞いた。

Text : Takahiro Kadono　写真撮影&提供 : Masayuki Satoh

亡くなる数日前の散歩中のショット。闘病中でも、最大の楽しみである散歩にだけは必ず出かけていた。しかし、帰りは疲れてしまうこともしばしばだった。

Shi-Ba 106

『Shi-Ba』17号

第九話　クレームも、シモネタも

また、こんな書きこみがある……。

井上は、パソコンの画面を見ながらつぶやいた。それは『Shi-Ba』最新号が店頭に並んで数日経ったときのことだ。「今月号の『シーバ』の表紙の犬、あんなのは柴犬じゃない」。発信者が誰なのかはわからない。そこは自由にトピックを立て、テーマに興味のある者なら誰でも発言できるソーシャルメディアの世界だ。

『Shi-Ba』が創刊した平成十三（二〇〇一）年から数年間は、まだブログは浸透していない時代で、掲示板などのネットサービスがもっともポピュラーだった。顔が見えない者どうしが意見をぶつけあうので、時には誤った情報や誤解から暴言、誹謗中傷（ひぼうちゅうしょう）につながることもあるが、とにかくそこには多くの本音が集まっていることだけは間違いない。

自分のつくる雑誌に対して、はたして世間はどう反応するのか？

そう考えた井上は、こうしたサイトを時々チェックしていた。世間で唯一の柴犬および日本犬情報誌ということで、犬好きによる書きこみは多い。そして、こうしたネットサービスの世界で盛り上がるのは、どちらかというとネガティブな内容だ。いわゆるクレームの要素を含んだもので、なかには「なるほど」と思えるものもあるが、「なんだかな」と感じるものも少なくなかった。

この日、井上の目にとまった投稿は、柴犬という犬種について書かれたものだった。投稿者のプロフィールはもちろん不明だが、その後に続く内容から犬についてはそれなりに詳しいようだ。「あんなのは柴犬じゃない」と書いたのは、犬種のスタンダードから大きくはずれている、というのが主な理由のようだ。

井上はウンザリした気分になった。こうした書きこみを見るのは、初めてではない。編集部にクレームが入ったことも、一度や二度ではなかった。

犬の世界には犬種や血統というものがある。柴犬好きが高じて、日本犬の専門誌を発行している立場からすれば、それを完全に否定することはできない。健康で気質の良い子犬の誕生には、専門知識のあるプロのブリーダーの存在が欠かせないし、日本犬たちがたどってきた歴史を振り返れば、犬種や血統の保存はとても重要なことだからだ。

柴犬や秋田犬、甲斐犬、北海道犬などの日本犬たちは、昔から日本人とともに暮らし今に至っているイメージがある。しかし実際は、明治時代以降に海外から輸入されて人気の高まった洋犬との混血が進み、一時は存亡の機を迎えた過去があるのだ。

なかでも秋田犬は、明治時代から人気を集めた闘犬で、強くするためジャーマン・シエパードやグレート・デーン、マスティフなどと積極的に交配された。明治末から大正時代に入ってからは闘犬禁止令も出たが、非合法に開催され続け、事実上は庶民の娯楽の中心になっていた。そのため秋田犬の混血化は進む一方だったのだ。

大正末期には、都市部では純血の日本犬がほとんど見られなくなっていた。日本犬の絶滅を危惧した愛犬家たちが、この状況をなんとかしようと「日本犬保存会」を設立したのは昭和のはじめのことだ。同会の会員が日本各地に存続する犬種の調査・保存活動をした結果、昭和六（一九三一）年から十二（一九三七）年にかけて、秋田犬、甲斐犬、紀州犬、柴犬、四国犬、北海道犬、越の犬（現在は絶滅したとされる）が天然記念物として指定された経緯がある。

平成の今、三角形の立ち耳にクルリとした巻尾の特徴を持つ日本犬たちを「かわいい」「凛々しい」と愛でることができるのは、先人たちの調査と保存を発端に、各犬種の保存会の継続的な活動のおかげといえるのだ。

それぞれの犬種の魅力に惚れこみ、健康で人と共存できる良い気質の犬を後世に遺していこうという活動には、井上も敬意を払っている。実際、日本犬の歴史や特徴については『Shi-Ba』誌面では何度か特集を組んでいる。

また天然記念物指定以外の犬についても、犬種の特徴や個別のキャラクター、飼い主やまわりの人々とのエピソードを豊富な写真と一緒に紹介するルポを掲載してきた。だが犬種や血統を守る活動が、結果的に読者をはじめとした一般的な愛犬の否定につながることは、どうしても我慢できなかった。

日本犬専門誌なのに、あんな犬が表紙に載るなんておかしい。何を基準に決めているんだ。

各犬種で大きさや毛色など〝標準〟があるのは理解できる。しかし、読者の愛犬たちが「あんな犬」と呼ばれると無性に腹が立つ。たとえ犬種のスタンダードに当てはまらなくても、犬であればすべてカワイイに決まっているというのが井上の揺るぎない考えだからだ。

何を基準にしているのかと問われたら、そのときごとに自分が一番気になった味わいのある犬を選んでいる、というのが唯一の答えだ。読者アンケートや編集部宛のメールでも「かわいい犬しか表紙になれないの？」という質問が何度かあったので、編集後記のなかでそのように返答している。

井上にとって編集部に寄せられるクレームは、大きく分けて二種類ある。ひとつは『Shi-Ba』がもっと面白くなる可能性のある意見。そして、もうひとつは単なる言いがかりだ。ネットサービス内の書きこみはもちろんだが、編集部宛のメールであっても後者と判断したら、井上は基本的に謝らないし返事もしなかった。

読者の愛犬に上下をつける奴の言うことなど知ったことか！　内心で悪態をつきなが

ら、井上はサイトを閉じた。しかし同時にほくそ笑んだ。こんな書きこみがあるのは、『Shi-Ba』が日本犬業界内で一目置かれている証拠。だからクレームだって、井上にとっては勲章なのだ。

＊

編集部の宮崎友美子の愛犬にして、スタッフ犬四号の文太はめきめきと成長していた。生後一か月半で二キロだった体重は二か月半で三キロ、そして四か月半には七キロと、わずか三か月のあいだに三倍以上になった。最初はコロコロのぬいぐるみのイメージだったが、耳がピンと立って四肢もグンと伸び、成犬サイズへと順調に近づいている。しかし、垂れ目でオヤジくさい泥棒顔はいまだ健在だ。というよりも子犬のときのまん丸の顔が、柴犬らしい長さのある顔に変化すると鼻と口まわりの黒さがさらに目立つようになった。

「文太、見るたびにブサイクになってくなー！」

「ほんとだ。ブサイクぶりに拍車がかかってますね」

「これから、ますます心配ですね〜」

井上やスタッフの発言は、まったく遠慮がない。

だがこれこそが文太の最大の魅力だ。もともと個性的な容姿とボーッとしたふてぶてしい雰囲気に心底惚れこんだ宮崎には、文太がかわいくて仕方がない。文太に発せられる〝ブサイク〟は、今や宮崎の耳には褒め言葉にしか聞こえなかった。文太は、夜鳴きやいたずらもなく、よく食べてよく眠る、健康的で手のかからない子犬だった。

だが宮崎には、ひとつだけ悩みがあった。それは食糞（しょくふん）。文字通り自分の排泄物を食べてしまう行為だ。

初めて知る人にとっては少々ショッキングだが、食糞は子犬時代にはめずらしいことではない。好奇心が刺激されておもちゃがわりにしている、ビタミンなどの栄養素や消化酵素が不足している、飼い主の気をひきたいなど複数の説があるが、理由や原因についてはっきりしたことはわかっていない。

文太は宮崎家の一員になった日から、食糞行動を開始した。自分の排泄物であれば感染症のリスクはほとんどないと専門家から聞いて、宮崎は少し安心したが、毎度となると掃除が大変だ。

なにか対策はないかと家族で文太の行動を観察したところ、食糞をするのは家族が外出しているとき、または家族の誰かに叱られた後だということがわかった。なんとなく行動パターンが見えてきたので、食事時間を調整するなどしてすぐにトイレを片付けようと試みるものの、文太はなかなか排泄してくれない。そしてまた、家族の不在時に合わせて食糞に及ぶのだった。

でも宮﨑は、あまり深刻にならなかった。そして『Shi-Ba』誌面では早々に悩みをオープンにした。期待のニューカマー登場の華々しい記事になるはずが、いきなり〝うんこ食い〟の事実が暴露された。これによってスタッフ犬四号のあだ名が、編集部内で決定したのはごく自然な流れだった。

「うん太、大きくなったな～！」

編集作業中、現像所からあがってきたばかりのポジフィルムを確認する井上に、宮﨑が抗議した。

「うん太って呼ばないでください！　今はもう、うんこ食ってませんからっ」

実際、文太の食糞は生後三か月半あたりから急速に減り、四か月半になる頃にはすっかりおさまっていた。心身ともに健康的な環境で飼われていれば、成犬になっても食糞をする犬などいない。それは子犬時代のほんの一時的なものなのだ。

しかし渦中にいる飼い主にとっては、ほどほどに大きな問題ともいえる。獣医師やブリーダーに相談できればさほど心配はいらないとわかるが、異常行動だと勘違いして人知れず思い悩む飼い主も少なくない。その事実を宮﨑が知ったのは、うん太、もとい文太の記事を読んだ読者からの反響だった。

誰にも言えずにいましたが、文太ちゃんの記事のおかげで気持ちが楽になりました。子犬には、めずらしいことではないんですね！　うちも食糞で悩んでいましたが、異常ではないとわかり安心しました――。

読者アンケートや手紙は、「うちのコだけではない」という事実を知ってホッとしている飼い主の気持ちが伝わってくるものばかりだった。

そもそも宮崎が文太の食糞について公表したのは、ほかの家のワンコはどうなのだろう？　と思ったことがきっかけだった。読者と素朴な疑問を共有しあうことで、宮崎とその家族もまた、深刻に悩む必要などないことをあらためて知ったのだ。

ともあれ、子犬との生活はめまぐるしい。一緒に暮らし始めた当初は「いたずらもなく手がかからない」と言われていた文太だったが、成長とともにやんちゃ坊主に変貌をとげていた。

日課は、ケージ内の新聞紙やトイレシーツをグチャグチャにして暴れることだ。ぬいぐるみを相手にマウンティングをくりかえし、ソファはお気に入りの穴掘りスポットと化している。叱ると歯をむき出して唸るなど、反抗的な行動をすることもある。

外見だけでなく、精神的にもどんどん成長する文太。身体と心が劇的に変化する子犬につき合うには、飼い主にもパワーが必要なのだ。

＊

ブサイクと連呼されたうえ、あだ名はうん太。ますます個性的なキャラに磨きをかける愛犬とともに、飼い主の宮﨑もまた愛犬雑誌の編集者としていくつかの得意分野をつくりつつあった。

そのひとつは、ずばりシモネタである。

日本犬の特徴といえば、クルリと巻き上がった尻尾とその下であらわになった肛門だ。ほかの犬種、そしてあらゆる生物とくらべても、内と外をつなぐ大切な部分がここまで白日の下にさらされた形状はかなりめずらしい。

なにごとも包み隠さない堂々とした姿、歩けば微妙に形を変え、しかしその中心は揺るがない。柴犬などの日本犬と一緒に暮らす飼い主であれば、散歩中の愛犬の尻に思わず見とれてしまった経験は一度や二度ではないはずだ。

それは、宮﨑もまた例外ではなかった。特に文太と暮らしてジックリと愛犬のバックスタイルを愛でる機会が増えてからは、肛門への興味がより一層増した。

犬は、どこから見たってカワイイ。キラキラした目やピンと立った耳、ピカピカに濡れた鼻、分厚い毛に包まれた胸元、オテをしてくれる前肢、筋肉質な後肢、そして背中に巻き上がった尻尾まで、すべてが魅力的で、見ているだけで嬉しくなってしまう。

だが肛門だけは、あきらかに違っていた。散歩中や取材中に日本犬に出会うと、巻尾の根元に存在する穴につい熱い視線を注いでしまう。何らかの脳内物質でも出るのだろうか、宮﨑はほかの部位では得られない満足感と幸福感に満たされるのだった。

　私は日本犬のむき出しのケツを愛しております！

　宮﨑は、そんな熱い想いを世間に向かって叫びたくなった。そしてその欲望をそのまま特集の企画書づくりにぶつけた。

　タイトルは〈日本犬の肛門をマニアする！〉、内容はキャッチコピーそのままで〈突然ですがあなたの犬のコーモン見せてくださいっ！〉だ。編集部の企画会議で、宮﨑は誌面の構成について説明した。

「とにかくたくさん、アップの肛門写真を並べたいんです」

「ふーん、いいじゃん。やってみれば」

　井上は、淡々とゴーサインを出した。

　しかし、内心では静かに興奮を覚えていた。『Shi-Ba』は、ほかの雑誌がやらない記事を載せることをモットーにしている。井上が心底求めているのは、くだらないと笑われ、下品と叱られることも恐れず、かつ犬への愛にあふれた企画だ。

　日本犬の肛門をメインにした特集企画とは、犬バカを自称する井上にも思いもつかないものだった。愛犬情報誌のなかでも、前代未聞のページになること間違いなし。これこそ『Shi-Ba』らしさ満点の企画だ。

　やるじゃん、宮﨑……。新人編集部員として仕事をはじめて丸三年と少し。部下の成長に井上は、密かに目を細めるのだった。

さっそく特集ページの取材が始まった。

読者に協力を募って調査にあたったのは、宮﨑と同じく編集の楠本だった。主な内容は、①去勢・不妊手術の有無、②肛門サイズ（タテ×ヨコ）、③肛門の様子の三つ。一頭ずつ肛門にメジャーを縦横にあててサイズをはかり、形状や皮膚の状態など見た目の特徴を記録して、最後に実際に嗅いで匂いを確認した。

タイトルページは見開き二ページ。そこにズラリと〝肛門写真〟を並べ、それぞれの顔写真を名前と性別、年齢入りで掲載する。集まった肛門は、三十五頭分にも及んだ。撮影から入稿まできちんと管理しないと、どれが誰の肛門なのかわからなくなる。編集作業には、特に細心の注意が必要だ。

ちなみに肛門は厳密には臓器の名称だが、この特集では〈部分だけでなく、毛の生えている全体をさして肛門とする〉という定義のもとで誌面を構成した。

以下は調査結果の一部である。

ラッキー（オス・2歳）①未去勢、②2×1、③やや黒ずんでいてカサカサした感じ。匂いはとくになく、細かいシワがある。

ちび（メス・13歳）①不妊済、②2×1・5、③ダイヤ型に見える肛門。シワっぽく、年の割にはしっとり感有り。足と同じ匂いがする。

哲平（オス・12歳）①去勢済、②3×2、③写真は緊張のためか、縮まっているが、巨大肛門の持ち主。ツヤ、匂いなしでシワシワ。

小梅（メス・3歳）①未不妊、②2・2×1・7、③タテに大きなシワが3本程ある。ピンクがかったこげ茶色の肛門の匂いはなし。

誌面いっぱいの肛門写真にデータが並んだ様子は圧巻であり、同時に各々にいかに個性的な顔があるかがわかるページとなった。

＊

さらに特集の本文では、複数のトピックスに沿って肛門についての考察を深めていった。宮崎がこの特集の執筆者として指名したのは、〃自称・お便利ライター〃の青山誠だ。

まずは〈どうして日本犬は肛門丸出し？〉という根源的な問題について。これはなかなか難しいテーマで、日本犬が巻尾だからという身体的な特徴によるものとしか説明できないようだ。人為的な品種改良がされていない犬種は巻尾が多い、という一部の説も紹介している。

また愛犬家のみならず、誰もが一度は抱く人類共通の疑問にも迫っている。それは〈ウンコのあとケツ拭かなくてＯＫ？〉というもの。

これについては、意外にも科学的な根拠をもって説明されている。ポイントは、人間以外のすべての哺乳類(ほにゅうるい)に備わる自然脱肛という身体機能だ。犬は排便のたびに肛門の内側の直腸粘膜を外部に露出し、終了するとすみやかに収納する。そのため肛門のまわりを汚すことなく、排便が可能になるのだ。人間からすると羨ましい機能ともいえるが、もし人間が同様の状態になったら専門医のもとで治療が必要になるという。

子犬を選ぶときは〝お尻のきれいな犬を選べ〟といわれるだけあって、肛門は健康状態をチェックするうえでは大切なポイントだ。犬に備わる身体機能について詳しく知ると、お尻が汚れている子犬がいかに深刻な状態かわかるのだ。

しかし、同じ犬でも長毛種になると成犬も含めて事情は少し違ってきて、健康でも排泄物を自分の被毛で受け止めてしまうことも増えてくる。こうした点から青山は、短毛で巻尾の日本犬は〈お尻の清潔さに関しては全犬種で一番かも〉と記事のなかで結論づけるのだった。

そして記事の内容は、ますます肛門への探究を深めていった。

ひとつは〈去勢すると小さくなるってホント？〉について。この話は一部の日本犬の飼い主のあいだで噂(うわさ)されていたことだが、犬にまつわる都市伝説のたぐいという可能性も否めない。だが各方面に取材をした結果、どうやら真実だということがわかってきた。〈去勢をしてキンタマを除去すると、その肛門を含む周辺部の部位の成長が未成熟になることがあるらしい〉と青山は書いている。

ちなみに通常の愛犬情報誌では睾丸（こうがん）と表記される。しかし『Shi-Ba』では、あえて〝キンタマ〟という言葉が使われることが多かった。これは編集長の井上のこだわりのひとつでもあった。その理由は、愛犬の去勢手術を飼い主として身近な問題として考えてもらいたいと思ったこと、なにより男としてこの言葉に深い愛着を持っていたからだ。

井上の愛犬にしてスタッフ犬一号の福太郎は、生後七か月で去勢手術を受けているが、実際その肛門は驚くほど小さい。〝動けるデブ〟の異名にふさわしく体格はそれなりに立派なのだが、肛門は子犬時代のまま時が止まっているかのようにずいぶん遠慮した感じで存在している。また去勢や不妊手術をした愛犬と暮らす読者からも「うちの犬は肛門が小さい」という報告が多数集まっていた。

そしてトピックスは、肛門の大きさと性格の関連性にも及んでいる。テーマは〈大きい肛門の持ち主は心優しい？〉というものだが、これについては青山をはじめ編集部のスタッフに思いあたるふしがあった。

「確かにポジくんは、温厚で気配り上手だったな」

「デッカい肛門が、チャームポイントでしたよね……」

この年の二月に癌で昇天したスタッフ犬二号のポジは、六年の生涯を未去勢で過ごした。成犬のなかでも、とりわけ存在感のある肛門の持ち主だったのだ。

編集部とつき合いのある柴犬専門のブリーダーのなかに「肛門が大きいほうが大らかな犬が多く、小さいと神経質な犬が多い傾向がある」と証言する者もいた。〝ケツの穴が小さい〟という表現が、単なる比喩ではないという可能性さえ見えてくるのだった。

こうして突き詰めてみると、肛門といえども話題はつきない。とはいえ青山曰く、特集の結論は最初から見えていた。それは飼い主にとっては〈うちの犬は肛門だって世界一!!〉というものだ。

「さすが俺の福ちゃん。肛門は太陽の匂いがするよ!」

そう言いながら井上は、愛犬の尻の穴の前でハート形にした指をかかげて掲載用の写真におさまった。一方、宮崎も負けていない。

「うちの文太の肛門は無臭ですね。よくうんこ付いてますけどキレイです」

「ったく何言ってんだか。犬の肛門なんて他人から見たら汚いだけでしょ!」

呆れかえる青山だったが、愛犬の肛門を幸せそうにクンクンする飼い主たちの様子を見ていたら、好奇心がふくらんできた。宮崎と楠本にいたっては、他人の愛犬の肛門までチェックしていたが、その感想は意外にも「そんなに臭くない」「いい匂い」というものだった。

ならば自分の愛犬でスタッフ犬三号のりんぞーの肛門は、いったいどんな匂いがするのだろう?

「うげっ!」

青山は、咳き込みそうになった。りんぞーが排便して間もないことをすっかり忘れていたのだ。どうしてこんなめに遭うのか、責任者出てこい! と思ったものの、飼い主は俺だよ! と自ら突っ込みを入れるしかないのだった。

＊

そんな青山も、犬バカのひとりとしてシモの話題は嫌いではない。もっともトキメキを感じるのは排便中のりんぞーの姿だ。

「ふんぬぅううう〜」とキバっている愛犬のうんこポーズというのは、なんとラブリーなのか……。あまりの愛らしさに、排便中にもかかわらずヒョイと持ち上げてしまいたい衝動にかられ、ある日とうとう実行にうつしてしまったばかりに一時は愛犬との信頼関係を失いそうになったこともあるくらいだ。

飼い主のひとりとして、そんな体験を誌面で告白したのは、肛門特集の掲載から数か月後のことだ。特集テーマは〝愛犬の排便ポーズ〟と青山にとって直球な内容だ。『Shi-Ba』誌面でこのテーマにスポットが当たったきっかけは、一枚の写真だった。

「このシーン最高！　よし、これをメインビジュアルにしたページをつくろう」

そういって井上が選んだのは、雪のなか、一頭の日本犬が荒波砕ける冬の日本海に向かって腰を落とし、力んでいるものだった。その堂々とした姿は、日本犬ファンならずとも「お見事！」と声をかけたくなる。後に『Shi-Ba』史上に残る名ショットのひとつといわれたものだった。

この写真を撮影したカメラマンの日野道生は、『Shi-Ba』創刊号から続く猟犬ルポの連載で青山とコンビを組んでいる男だ。日野がその写真を撮ったのは、半分は偶然で半分は必然だった。犬はこちらの思うようには行動してくれない。だから動いてくれるのを待つ。そしてタイミングを逃さない。メインの猟犬ルポのページでは絶対に使わないだろうと思う場面であっても、「これは！」と感じるものに出会ったときは迷わずシャッターをきった。

編集長の井上は、こうして撮影された写真をすべてストックしていて、特集記事や〈柴犬川柳〉などのページにマッチするものがあれば積極的に使用していた。なかには写真からインスピレーションを得た〝ビジュアル先行企画〟もあり、日本海に向かって力む日本犬の写真はそのひとつだった。

「カッコいいなー。任俠（にんきょう）映画のワンシーンみたい。タイトルは、〈仁義なき便意〉に決まりだな！」

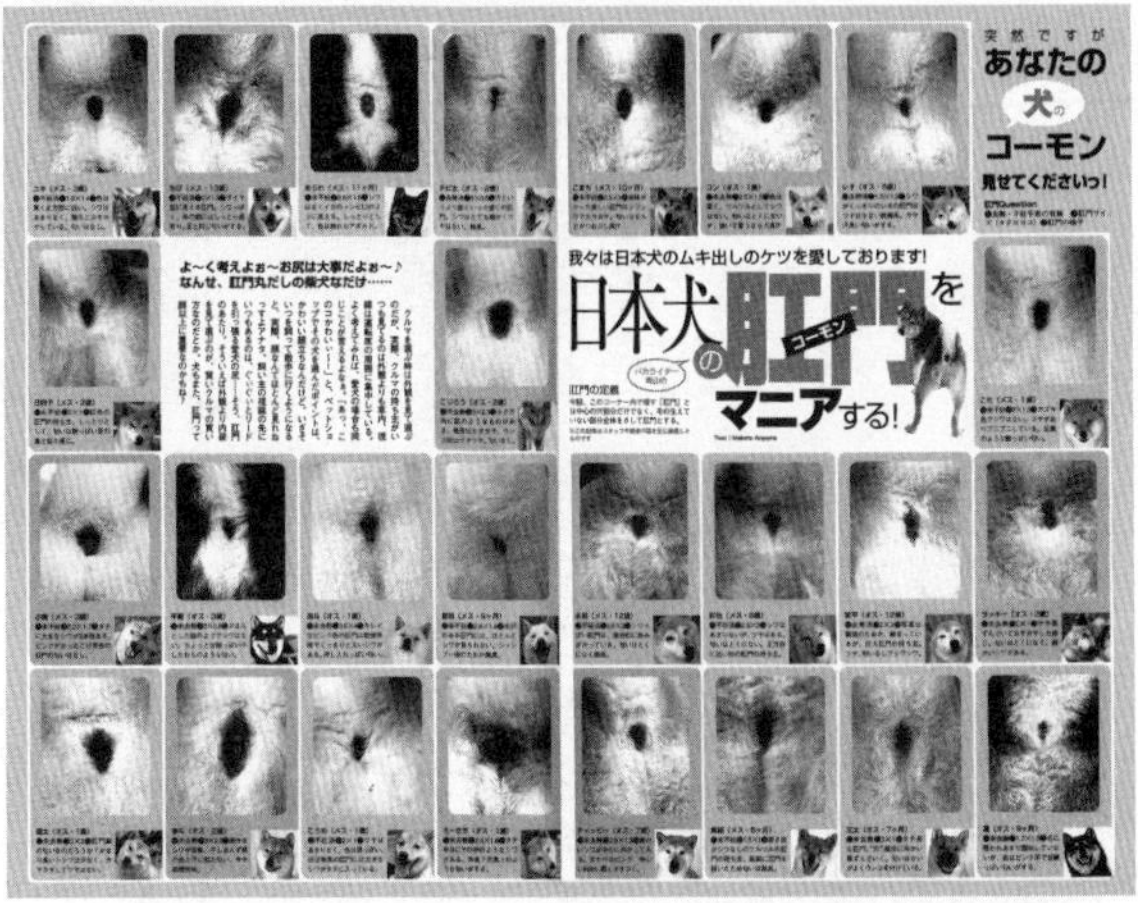

上：『Shi-Ba』17号
下：『Shi-Ba』20号

井上の企画出しは、いつもスピード感にあふれている。だがたいてい仕事はタイトルとザックリとしたイメージづくりまでだ。

「そういう感じで。あとは宮崎、よろしく！」

具体的なページ構成については、編集部員が考える。引き継ぐのは大変だが、なにしろ宮崎はシモネタの調理法には長けている。この特集ページは、愛犬の排便ポーズに心奪われる飼い主の心理と健康情報の両方に、深く切りこんだものに仕上がった。

おそらく読者からは〝面白い〟という声だけでなく、〝下品〟や〝くだらない〟といったクレームもたくさん来るだろう。あ〜、想像するだけでワクワクする！　井上は、校了作業をしながらついニヤニヤしてしまう。いつだってクレームは、『Shi-Ba』にとって勲章なのだ。

第十話　ダメな上司が犬のしつけにも失敗する5つの理由

目で豆を噛め——。

『Shi-Ba』編集部で働くようになってから楠本麻里は、この言葉を何度となく頭のなかで思い浮かべるようになった。

原典は古典落語、古今亭志ん生の『唐茄子屋政談』に登場する「目でえんどう豆を噛め」というフレーズだ。学生時代に聞いてからなんとなく耳に残っていたのだが、まさか実社会で使うことになるとは予想もしていなかった。四字熟語にすれば〝無理難題〟あたりに該当するのだろうか。つまり、道理にはずれた言いがかりとか、無茶苦茶な難癖という意味だが、楠本にしてみたら時にそれさえも生温いと感じることがあった。道理にはずれたというが、そもそも今まで道理にかなったことなどあったのか？　そう考えると、やはり〝目で豆を噛め〟がもっとも正確にこの状況をあらわす言葉としてシックリくるのだった。

編集長の井上は、とにかく何でもいいので他誌がやっていない面白い企画を出せ、ということを基本方針にしている。ちなみに〝面白い企画〟というのは、タイトルを聞いてすぐにオモシロい絵が浮かぶ企画という意味だ。その点については、楠本もまったく異論はない。そもそもこの編集部に転職したのは、愛犬情報誌の常識やスタンダードから思いきり距離を置いた、勢いたっぷりの独自の誌面づくりに惚れこんだからだ。

しかし実際に編集者のひとりとして働いてみると、その現場は予想していたよりもはるかに混沌（こんとん）としていた。原因は言うまでもなく、編集長の井上だ。

「今度の特集、このタイトルにしよう。楠本、編集やってくれる？」

「面白そうですね。それで、これどんな内容なんですか？」

楠本が訊くと、井上は平然と答えた。

「内容っていっても、まあタイトルのとおりだよ。柴犬からめてさぁ、なんとなくわかるでしょ」

ちょっと待て、と楠本は思う。複数の雑誌でキャリアを重ねてきた編集者としては、事細かな指示などなくても見通しをたてることはできる。だがこのままでは、いくらなんでも雲をつかむような状態だ。特集ページにするのなら、もう少し具体的なイメージや方向性を押さえておきたい。楠本が困惑していると、デスクの椅子に寄りかかった井上が声をあげた。

「あ、そーだ、いいこと思いついた！」

歌いだしたのは、昔の人気アニメ『いなかっぺ大将』のテーマソングである数え唄の替え歌だ。主人公の状況を歌った歌詞が、そっくり柴犬の気持ちに置き換えられている。

楠本は、ひとまず黙って聴くしかなかった。

普段の井上は無口なのに、口をひらけば早口で、ピリピリとした空気をまとっている。そのため、なかなか会話のキャッチボールが成立しない。しかし今は、妙にリラックスしている。その様子は、ご機嫌といっても大げさではない。歌い終わると、再び楠本に向き直った。

「リードにつける文章は、今みたいな感じがいいな」

そう言うと、かたわらの缶飲料をグビリとやった。世間一般でいうオフィスアワーをすぎる頃、井上が手にするのはいわゆる〝大人の飲み物〟だ。やりたい企画が山ほどあって、思いつくままパソコンに打ち込み続けてきたアイデアファイルは膨大な量になっている。そこから生まれた企画が編集部のスタッフに伝えられるのは、主にこうした深夜枠の時間帯だった。

「わかりました」

穏やかな表情で楠本はうなずいた。

日中にくらべたら、この時間帯の井上ははるかにコミュニケーションが成り立つ。しかし毎度、釈然としないものを感じるのも事実だった。井上が即興で歌った替え歌をリードにするところまではわかった。ちなみにリードとは特集の概要を説明する文章で、タイトルの下や横にレイアウトされるものだ。どうやら井上にとっては、タイトルそのものがテーマであり、替え歌のリード文ができた今、企画の骨格は完成したも同然なのだろう。

とはいえ、何をどうすればいいのだ？　という状況はほとんど変わらない。

なにしろタイトルがあればいい方で、井上の原案の多くがイメージ先行型、つまり第三者にとって意味不明な要素が多すぎる。それでもどうにか特集企画となるようにアイデアを絞り出し続けるのが、いつのまにか『Shi-Ba』スタッフの生きる道になっていた。なかば比喩ではなく、楠本は毎度うんうんと唸りながら特集記事の構成をなんとか練り上げる。だが井上は容赦ない。

「もっと、くだらねえアイデアないのかよー！」

井上が言う〝くだらねえ〟が、面白いの最上級表現だということは勘のいい楠本にはすぐにわかった。それだけに一瞬、殺意を覚えることもしばしばだ。

だが「これ以上できません」などとは口が裂けても言えない。丙午（ひのえうま）に蠍座（さそりざ）という生まれがどの程度関係しているかはわからないが、自分はあきらかに負けず嫌いだと楠本は思う。しゃかりきになってネタを探しているうちに、なんとか特集企画がカタチになっていくというのがいつものパターンだった。

結局のところは井上の思うツボなのだが、編集者として達成感もあるので結果的には

「ヨシ」と思っている。

ただひとつ、楠本が納得できなかったことがある。それは自分の結婚式で、井上がスピーチを断固として断ったことだ。直属の上司として挨拶してほしいと頭を下げたにもかかわらず、口下手を理由に井上はかたくなに拒否した。

何度か食い下がったが、「どうしてもできない」と言われ渋々引き下がったのだが、披露宴の席で、ドッグランに解き放たれたやんちゃな犬のごとく、解放感いっぱいにグラスを空にしている上司の姿を目にしてみると、花嫁衣装に身を包んだ楠本はひっそりと舌打ちしたい気持ちでいっぱいになったのだった。

＊

楠本は、いつしか『Shi-Ba』になくてはならない編集者になっていた。ここに転職する直前は総合愛犬情報誌の編集部で働いていたが、それ以前は主婦向け情報誌や育児雑誌などの仕事もしていて、とにかく経験ジャンルは幅広い。そのセンスや発想をいかして、転職早々から愛犬ライフとお金の話をからませた〈愛犬家計簿〉のページを提案するなど、これまでの同誌にない企画出しで井上を密かに唸らせた。

犬を飼うには、それなりにお金がかかる。当然のことだが、なぜか多くの飼い主はあまり意識しない。たとえばすでに一頭飼っている人が、二頭目を迎えようというとき

「一頭も二頭も、ゴハン代はたいして変わらないから」と言うと、たいていの人は大らかな良い話を聞いたような気分になる。

しかし、楠本が複数の読者の協力のもとで〝愛犬家計簿〟を調査してみると、実際はそんな生易しい話ではないことがわかった。今どき、責任を持って犬をきちんと世話しようと思ったら、相当なお金がかかる。

特に額が大きいのが医療費だ。たとえ健康な犬でも毎年の狂犬病予防接種、ワクチン接種、フィラリア予防薬、ノミ・ダニ予防薬など、予防医療だけでかなりの額がかかる。そして人間と同じように、犬だって年に数回は胃腸の調子がおかしくなったり、怪我をすることもある。それらに加えてケージやフードボウル、おもちゃなど、愛犬の日常生活に必要なグッズ類の購入費も必要だ。

飼い主によってかなり差があるが、年間の合計額は少なくても十数万円、多いと四十万円台という家庭もあった。ほかの家はどうなっているのだろう？　という素朴な疑問と好奇心を満たす方向性の企画は、生活情報誌の鉄板企画といってもいい。愛犬ライフをお金の面から比較するというのは、読者からも好評だった。

さらに楠本は、井上のノリを把握するにつれて独自の得意分野を確立させていった。そのひとつは、世間で話題の本のテーマを愛犬ワールドに融合させるパロディー企画だ。平成十六（二〇〇四）年十一月号、楠本が企画した特集タイトルは〈ダメな上司が犬のしつけにも失敗する5つの理由〉だ。当時、世間ではちょっと長めのタイトルのビジネス書や自己啓発本が数多く発売され、ベストセラーや話題の本としてマスコミで取り上げられることが多かった。その影響で同様のコンセプトの新刊本がますます多くなり、気づけば書店のビジネス書コーナーには似たようなタイトルの本がずらりと並ぶ現象が生まれていたのだ。

気にもなるが揶揄したくもなるこうした流行の加工品は井上の大好物で、企画会議を瞬時に通過したのは言うまでもない。この企画の基本テーマは、愛犬のしつけ、つまりコミュニケーション術だ。飼い主と愛犬の関係を上司と部下に置き換えるパロディーなのだが、実際に誌面を構成してみると、ダメ上司とダメ飼い主の特徴は意外なほど共通していることがわかった。

以下は誌面で指摘されたダメ上司（飼い主）の特徴と部下（愛犬）の本音およびツッコミだ。

①ほめずに叱ってばかりいる↓「上司の仕事はアラ探し？　良いところにも気づいてほしい」

②自分のやり方が正しいと信じている↓「『俺の言うとおりやれば間違いない！』が実は間違いだらけ」

③力ずくで言うことをきかせようとする↓「『俺についてこいっ！』って、一体いつの時代の話なの？」
④いざという時に頼りにならない↓「助けてほしい時にいない……そんな上司は信用できません」
⑤指示がわかりづらい↓「で、いったい何が言いたいんですか？　どうしていいかわかりません」

これらを見ると、ダメな上司とダメな飼い主は、もはや同類と断言しても差し支えないことがわかる。これまで数えきれないビジネス本が世に出ているが、『Shi-Ba』の特集によってまだ誰にも指摘されていない事実が解明されたのだった。

さらに、ここでは大きな問題が指摘されている。それは部下にとっての人間関係は上司だけではないが、愛犬の世界は飼い主との関係のみによって成り立っているという点だ。ダメな飼い主は、ダメな上司よりも深刻な事態を招く可能性もあるということになる。自分は、愛犬にとって良き飼い主なのか？　誌面では自らを振り返るポイントをまとめている。

①ダメ！　と言うより良いことを教えたほうがうまくいく

②飼い主は、今一度自分のやり方を振り返るべし
③「北風と太陽」を思い出せ！　犬は決して屈服しないのだ
④犬が怖がるものに無理に近づけていないか再確認を
⑤指示の仕方や方針の一本化をはかり混乱させないしつけを

愛犬が言うことをきかない理由のほぼすべては、飼い主に原因があるといっていいのだ。

誌面用の撮影では、井上自ら〝ダメな上司役〟として登場した。依頼をしたのは、もちろん担当編集者の楠本だ。

「なんで俺がそんな役なんだよ……ったくムカつくなあ」

ブツブツ言いながらも井上は、会社の上司を演出するために普段はほとんど着ることのないスーツ姿と瓶底メガネで撮影に挑んだ。

「次はタイトルページで使う重要なシーンです。全身全霊をこめてお願いします！」

元演劇部の楠本の熱い演技指導のもとでフロアに転がった井上は、〝ダメな上司役〟として一張羅を台無しにしながら予想以上の輝く演技力でスタッフを感心させた。さらに誌面には辰巳出版広告部の部長Ｋも登場。ネクタイを鉢巻きにした酔っぱらいサラリーマンぶりを自ら演出した。そして愛犬をむりやり抱きしめる役として登場したのは、

なんと宮崎の父親だ。スタッフ犬四号の文太を相手に熱演を披露して、社員のみならずその家族までまきこんだ撮影になったのだった。

しかし楠本も指示を出すだけでは終わらない。謎の農作業風ファッションに身を包み、犬たちを恐怖におとしいれる〝怪しいおばちゃん〟役で登場した。

「これってさー、日頃の鬱憤を企画で晴らしてるんじゃないの～？」

会う人ごとに問われた楠本だが、大人たるもの、その真意は胸の内だ。

とはいえ、指定したデザインがあがってきたときは、さすがにニンマリしてしまった。タイトルページのメインビジュアルは、巨大化した柴犬の肢の下で我が上司がペシャンコになっているコラージュ写真だ。目で豆を噛め。そのスピリットを日々忘れないベテラン編集者による入魂の企画が、読者に好評だったのは言うまでもない。

＊

とうとう、ここまで来たか……。

井上は、台割表を見つめながらしばし感慨にふけった。表の上に記載されたタイトルは『Shi-Ba』の平成十七（二〇〇五）年一月号、「Vol.20」だ。

最後の「20」の文字が輝いて見える。

明日をも知れぬ創刊当時から、気づけばとうとう二十号の発行にこぎつけたのだ。

あの〝ぼっち編集部〟の時代から約四年、愛犬の福太郎の愛らしさを世間に紹介したい、表紙モデルにしたいという井上の個人的な欲望は、満たされるばかりか時を経てますます大きくなっている。寝ても覚めても犬、犬、犬……。そんな公私ともに犬どっぷりの生活を続けるなかで、むしろ福太郎への愛は深まるばかりだ。

「井上さん、二十号の特集にピッタリの企画があります！」

さっそく提案したのは、ここ『Shi-Ba』編集部で人生を変えた女、宮崎だった。

「どんな企画考えたんだよ」

井上が訊くと、さっそく説明をはじめた。

「親バカといわれる飼い主の行動と、その愛犬たちにスポットをあてる企画です。『Shi-Ba』的な視点から、親バカ飼い主を全面的に肯定する内容です」

記念すべき創刊二十号の特別企画はこれしかない、なんとしてもこの特集をやりたい！　宮崎の口ぶりから、やる気がみなぎっていた。

タイトルは〈我ら、柴犬バカ一代！〉に決まった。特集ページの冒頭は「シーバ的親バカ度診断」で三十の行動パターンをピックアップした。その特徴の一部をあげる。

犬用の服を三着以上持っている。年に二回以上は愛犬連れで旅行をする。携帯電話の待ち受け画面は愛犬の画像。年賀状や暑中見舞いで愛犬の写真を使う。愛犬の誕生日にはケーキを買ってパーティーを開催する。家族には買ったことのないお土産を愛犬に買って帰る。「負け犬」や「幕府の犬」など犬を卑下した言葉にムカつく。人間の言葉を理解できるはずもないのに、愛犬に長々と語りかける。真剣に愛犬と結婚したいと考え、その想いを愛犬に伝えたことがある。愛犬も家族とともに必ず食卓を囲む。病気以外で愛犬の用事のために会社を休んだことがある。自宅に電話したときは用件よりもまず愛犬の様子について訊く。家のなかは愛犬の写真だらけ。愛犬のココロは純真無垢で汚れていないと思っている——。

このテストで診断できる〝親バカ度〟は三段階だ。

もっとも軽症なのは、チェック数が十個以下の人々。「フツーの飼い主」で、むしろあてはまる項目がゼロなど大問題。犬の飼い主になったからには、「せめて2〜3個は、あてはまる項目があってほしい」と提言。

二段階目はチェック数が十一〜二十個の人々。すでに重症レベルだが、同誌では「軽度から中程度の親バカ」で、「この程度ならフツーに社会生活もできるし、人に迷惑かけたり、キモチ悪がられることもない」と、その解説は、世間の常識から乖離する一方だ。

だから該当項目が二十一〜三十個の強者ともなれば、非常識などという言葉が届くはずもない。過度な愛情が愛犬にとって迷惑になることもあると指摘しながらも、編集長の井上やカメラマンの佐藤、スタッフ犬三号の飼い主でライターの青山、そして宮崎はいずれもこのレベルにランクインしていて、編集部そのものが親バカ飼い主集団なのだと、ある意味予想どおりの結果になった。

この特集で宮﨑がもっとも深く掘り下げたのは、世間ではほとんど認識されていないながら、多くの親バカ飼い主に共通する生態だ。それは、愛犬ソングを歌うこと。愛犬ソングとは、その言葉のまま、愛犬のことを歌ったオリジナルソングだ。

「歌うかって？　そんなのあたりまえだろう。俺なんて福ちゃんに捧げる愛犬ソング、十曲以上作詞、作曲してるよ！」

そういうと井上は、「かわいいね～、ぷっくりちゃん～♪」と歌いだした。ぷっくりちゃんというのは、どうやら福太郎のことらしい。なぜ福太郎がぷっくりちゃんになるのか謎だが、嬉しそうに自作の愛犬ソングを熱唱する上司の姿は、さすがに宮﨑から見てもヤバさ爆発だ。

ちなみに愛犬ソングの存在は、すべての飼い主に知られているものではなく、愛犬への愛情の深さと比例するものでもない。「なんですかソレ？」とキョトンとする飼い主も少なくなく、文太のテーマ曲など考えたこともなかった宮﨑も、その気持ちはよくわかった。

だが取材を続けるうちに、多くの飼い主が愛犬ソングを自作していることがわかってきた。なかには歌っていることを自覚していない飼い主もいて、宮﨑の指摘で初めて認識されるケースもあった。

当初は歌詞のみを誌面で紹介しようとしたが、それだけではなんだか物足りない。通常、歌は作詞か作曲いずれかが先行して作られるが、愛犬ソングは作詞と作曲が同時発生的に生まれている。それは親バカ飼い主の脳内からだだ漏れした、恥ずかしくも美しい愛の結晶だ。そんなものに光を当てた企画は、世界でもおそらく本誌が最初で最後だろう。

「これに向かって歌ってもらえますか？」

そう言って宮﨑は、複数の飼い主にＩＣレコーダーを差し出した。

こうして集められた愛犬ソングは、あらためて聴いてみると童謡風や応援歌風、ラップ調までバリエーションが幅広い。その音源をもとに、ある著名な音楽家が匿名を条件に採譜した楽曲は、親バカ度百パーセントと断言しても差し支えのない飼い主の生態記録なのだ。

この企画は、宮﨑の編集者人生のなかでも記念碑的なものとなった。唯一の心残りは、予算などの都合で付録ＣＤをつけられなかったことだった。

第十一話　涙のバースデー

「もしもし、今日も真結(まゆ)ちゃんはかわいいですか～？」

　カメラマンの佐藤は、ロケ撮影の合間に携帯電話を耳にあてた。相手は自宅にいる妻だ。

「うん、うん……。そーなんだ！」

　ただでさえ緩んだ佐藤の表情は、みるみる崩壊していった。その様子はまるで単身赴任中の父親が、我が子の微笑(ほほえ)ましいエピソードに聞き入っているようだ。しかし、ロケに同行する編集スタッフは皆、心のなかでツッコミを入れていた。

　〝今日も〟って……、今朝、家で会ったばっかりじゃないか！

　ほんの数時間で、いったい何が変わるというのか。もはや電話をする意味が不明なのだが、それはあくまで常識人の感覚。佐藤にとっては愛犬と離れて過ごすわずか一時間が、今生(こんじょう)の別れに匹敵するのだ。

　スタッフ犬二号のポジを癌で亡くした後、佐藤は激しいペットロスに陥った。それは本人も含め、誰もが予想したことではあったが、実際にそうなってみると憔悴(しょうすい)ぶりは尋常ではなかった。なにしろポジは愛犬にして相棒であり、今こうして愛犬雑誌で仕事ができるのはポジのおかげといってもいい。喪失感はあまりにも大きい。抜け殻のようになった佐藤は、編集部のスタッフの目にも痛々しく映った。

そんな佐藤に声をかけたのは『Shi-Ba』の誌面づくりに協力していた、ある柴犬専門のブリーダーだった。撮影のために犬舎を訪ねると、突然一頭の子犬を紹介された。

「この子、飼ってみない？」

思いもかけないことに佐藤は驚いたが、それは見るからに健康そうで愛らしい生後六か月の雌の柴犬だった。

この犬舎は、宮﨑の愛犬でスタッフ犬四号の文太が生まれた場所だ。聞けば、偶然にも文太と腹違いの兄妹（きょうだい）にあたるという。そんな話を聞いているうちに、気づいたら柴犬の子どもは佐藤の腕のなかにいたのだった。

おそらくすべての飼い主にとって、愛犬の想い出は永遠のものだ。別れの辛さについてもまた同じで、ペットロスというものは、忘れたり、浄化したり、まして乗り越えることで解決するものではない。しかし〝犬を失ってできた空洞を埋められるのは犬だけ〟という説もまた、昔から多くの愛犬家を納得させてきたことだ。

別れの日から三か月。一頭の柴犬、真結との出会いによって佐藤は、ようやくポジの想い出を笑いながら口にできるようになった。

それにしても〝女の子〟というのは、どうしてこうもカワイイのだろう。ポジに最上級の愛情を注いでいたことを自他ともに認める佐藤だったが、真結と一緒に暮らしてみると、その愛らしさは格別だった。容姿や性格、しぐさはもちろんのこと、頭から尻尾、四肢の爪にいたるまで、そのすべてが抱きしめたくなるほど魅力的だ。心と身体のすべてをそのままフンワリと包んで守ってあげたくなる。

娘を持つというのは、こんな気持ちなのか。気づけば頭のなかは、いつだって真結のことでいっぱいだ。だから仕事のときも撮影の合間を見て、マメに自宅に連絡をいれることが、佐藤にとって習慣のひとつになった。

あるときスタッフとしつけトレーニングの話になった。

「オスワリ？　真結ちゃんには教えないよ。地面に座るとお尻に土が付くから」

そう答える佐藤の目は真剣だ。周囲がなかば冗談に受け止めても、かわいい真結のお尻が汚れる行為をさせるなど考えられないと持論を述べ続けた。かつての何倍もパワーアップした佐藤の犬バカぶりは、元祖犬バカを自認する井上でさえ呆れるレベルだった。

＊

ともあれ佐藤が元気を取り戻したことは、井上にとっても嬉しかった。なにしろ現役の犬バカが集まって、ワイワイ言いながら雑誌をつくる現場は最高に楽しい。次号の企画について考えていたとき、井上がふと素朴な疑問を口にした。

「犬といえば〝犬かき〟だけどさー、本当にどの犬でもできるのかな？」

スタッフとのそんなやりとりから、話題は犬の潜在能力のひとつ〝犬かき〟になった。

「どうですかねぇ。文太は泳いだことないから、わからないです」

スタッフ犬四号の飼い主、宮﨑が答えた。

「福ちゃんも水は嫌いじゃないみたいだけど、本格的な水遊びってしたことないんだよなー」

井上は考えた。人間は泳ぎを教えてもらわなければ、泳ぐことはできない。しかし犬は、誰にも教わらずに犬かきで水中を移動できる。一応はそういうことになっている。しかし、それは本当なのだろうか？　井上のなかで、素朴な疑問を検証したい欲望がムクムクと大きくなった。

「それ、次号の巻頭特集にしよう！」

タイトルは〈犬かきを極める初めての川遊び！〉だ。ロケの主要モデル犬は、文太と真結、二頭の若手コンビに決まった。撮影スケジュールや内容の相談をするかたわらで、井上がわざとらしくつぶやいた。

「いいなー、川遊び。俺も福ちゃんと行きたいなー」

端（はた）からは仕事というよりも、編集部スタッフが遊びに行く相談をしているようにしか見えない。撮影場所に選ばれたのは群馬県某所。清流が美しい、犬連れの川遊びには最適なスポットだ。

ロケ当日は、梅雨の晴れ間で絶好の撮影日和になった。宮崎や佐藤らスタッフが集合場所に到着すると、そこには見覚えのある男と柴犬がいた。

「あれ……、井上さん？」

「えー！　ホントに来たんですかー？」

井上は福太郎だけでなく、ちゃっかり妻の美津子も同伴して完全に休日モードだ。

「いいじゃん！　俺だって家族みんなで川遊びしたかったんだよっ！」

ロケだし、仕事だし、とスタッフが突っ込む一方で、井上に挨拶をしたのは宮崎の父親だ。

「どうも。うちの友美子がいつもお世話になってます」

車の運転ができない宮崎にかわり、早朝からハンドルを握って来たのだ。家族ぐるみのメンバーが揃う撮影現場でさっそく全員が注目したのは、この日が初対面の文太と真結の異母兄妹コンビだ。

「真結ちゃん、かわいいー！」

シャッターをきる佐藤の前では、ブルーのライフジャケットを着た文太の隣にオレンジのジャケットの真結が並んでいる。血がつながっているだけに、そこはかとないシンクロ感が生まれ絵になった。

「目の垂れ具合が、なんとなく似てるかな」

井上の言葉に、宮﨑もうなずいた。

「毛の感じとかも、ちょっと似てますね」

子犬時代は〝うん太〟と呼ばれた文太だが、今では立派な若犬に成長している。しかし、おっとりというか、ちょっとボンヤリしたキャラクターは健在だ。成長過程にある真結は、文太と並ぶとふた回りほど小さい。それでもエネルギーは半端ではない。普段から水を嫌がるそぶりはなかっただけに、初めて目にする河原に大興奮。川の流れに突進して、浅瀬をバシャバシャと走り回った。弾丸のような素早い動きは、野生児という言葉がぴったりだ。

「おてんばな真結ちゃんも、かっわいいなー！」

「ちょっと佐藤さーん、文太もちゃんと撮ってくださいね！」

「福ちゃんもねー！」

宮﨑と井上の声が響くなか、佐藤は夢中でシャッターをきり続けていた。水しぶきがカメラに飛んでもまったく気にしない。その日、準備した機材は水中撮影にも対応できる特別なものだ。ウェットスーツに着替えた佐藤は、流れのなかに身を横たえながらカメラを構えた。

さっそく今回のメインテーマ、スタッフ犬たちの〝犬かき能力〟の検証をすることになった。

まずは佐藤の愛娘の真結。浅瀬で見せていた野生児ぶりに負けず劣らず、完全に水に入ってもまったくヘッチャラという顔をしている。スタッフが見守るなか、真結は水中で四肢を動かしはじめた。鼻先は水面からわずか上でしっかりとキープされ、無理のない姿勢が保たれている。

「真結ちゃん、かっこいい！」

「真結っち、すごーい！」

スタッフの歓声をあびる真結の眼差しは、不安や恐れとは無縁の真っすぐなものだった。しっかりと水をとらえた四肢が動くたびに、順調に前進していく。スイスイという表現がピッタリの泳ぎっぷりだ。犬は、生まれながらにして犬かきができるのか？　愛犬家が一度は抱く疑問に真っ向から回答するように、生まれて初めての真結の泳ぎは犬かきのお手本ともいえるハイクオリティなものだった。

続いたのは福太郎だ。

自宅の近所の散歩コースには、お気に入りの水場があり暑い日はよく遊びにいっている。足元が浸かる程度の水深なので泳ぎについては未知数だが、水への恐怖心はほとんどない。井上が水深のあるところに福太郎をうながすと、当然といわんばかりに鼻を水面のギリギリに保った姿勢をとる。その下では四肢が力強く動きだした。

「さっすが、福ちゃん！」

「上手いなー」

スタッフが見守るなか、福太郎は抜群の安定感で水のなかを進んでいった。ややぽっちゃり体型ながら、もともとボール遊びが大好きで筋力と敏捷性には長けている。〝走れるデブ〟のみならず〝泳げるデブ〟であることも証明してみせたのだった。

さて、残るは文太だ。すでに二頭が初めてにして華麗な犬かきを披露しているだけに、より一層期待が集まる。最初は少し水にビビっている様子だったが、しばらくして慣れてくると水深のある場所に移動できるようになった。ライフジャケットの浮力があるため、呼吸ができる姿勢は保っている。しかし、泳ぎかたは前の二頭とはあきらかに違っていた。前肢を動かすたびにバッシャン、バッシャンと文太のまわりには豪快な水しぶきが飛び散った。

「なんだ、ありゃ」

「なんか、犬かきっぽくない……」

宮﨑が指摘するとおり、その泳ぎは犬かきの基本を大きく逸脱していた。真結と福太郎は四肢を常に水中で左右交互に動かしていたが、文太は前肢でいちいち水面を叩いている。水しぶきが激しいので力強く見えるのだが、実は無駄な動きが多くてなかなか前ったえることもできない。ヒヨコみたいにバタバタ泳ぐだけで、ちっとも前に進まない。

「犬かきっていうより、犬バタフライだな」

井上は大笑いした。垂れ目のせいなのか、必死な顔をすると情けないムードがよりいっそう濃くなる。しかし、文太は諦めなかった。

「お！　文太、頑張ってるじゃん」

バッシャン、バッシャンをくりかえし、よく見るとジリジリと浅瀬に近づいている。

「文太ぁー、頑張れー！」

そのとき、誰よりも大きな声援を送ったのは宮﨑の父親だった。

「文太、しっかり！　もう少しだぞー！」

カメラを持った佐藤が、水に浸かりながら文太の斜め前にまわりこんだ。水しぶき越しに個性的な泳ぎを披露する柴犬の姿をとらえるため、何度もシャッターをきる。大声援のなか、文太は見事に泳ぎきった。陸にあがって全身をブルブルとふるわせると、弾け飛んだしぶきが夏の日差しのなかでキラキラと光った。安堵の表情を浮かべた文太は、あきらかに宮﨑をはじめスタッフそれぞれにアピールしていた。

ワシ、やった……！

「偉いぞー文太！　よくやったなー！」

宮﨑の父親が抱きしめんばかりに撫でると、文太はさらに満足げな顔をした。水に慣れるほどに、文太は楽しげに泳ぐようになった。しかし、犬かきならぬ犬バタフライはそのままだった。

結果的にその日、主役になったのは文太だった。派手な水しぶきをあげる個性的な泳ぎは、『Shi-Ba』の特集グラビアのなかでもとびきり大きく掲載された。

犬ならすべて、犬かきができるのか？　実際には、水を怖がってまったく泳げない犬もいるので無理強いは禁物だ。だがスタッフ犬に関しては、フォームの違いはかなりあるものの〝できる〟という結果になったのだった。

＊

どうやら〝デキタ〟らしい――。

その報告を井上が聞いたのは、その翌年、平成十七（二〇〇五）年五月なかばのことだった。

「連休中からつわりが始まったみたいで、ゴハンを食べないんですよ……」

佐藤は、嬉しさと不安でいても立ってもいられないといった顔をした。愛娘、もとい愛犬の真結に赤ちゃんができたのだという。

「ほんとに？　おめでとう！」

ブリーダー立ち会いのもとで交配がおこなわれた、と井上が聞いたのは一か月ほど前のことだった。子どもの父親は、真結が生まれ育った犬舎で飼育されている犬だ。

真結が佐藤のもとに来ることになったとき、犬舎の社長は現金をいっさい受け取ろうとしなかった。佐藤がいくら言っても「いらない」の一点張りで、かわりに一度だけ出産させて子犬を引き取るということで話がおさまった。

こうしたやり取りは、ブリーダーと親しい飼い主のあいだではめずらしいことではないという。犬舎では常に何頭かの親犬を飼育しているが、きちんと世話ができる頭数は限られる。細かな条件はケースバイケースだが、心身ともに健康な犬を信頼できる飼い主に委ねて、出産後に子犬を引き取るという方法で良い犬の血統をつないでいくというのは、ブリーディングのプロの世界ではひとつの方法なのだ。

佐藤のもとに来てほぼ一年。一歳半になった真結は、心身ともに成熟して初産に無理のない時期を迎えたのだ。出産予定日は六月中旬だという。いうまでもなくその様子は『Shi-Ba』誌面で紹介されることになった。命の誕生の様子をドキュメンタリーで伝えるのだから、間違いなく感動的なページになるはずだ。

ただし犬の出産について誌面で扱うときは、注意していることも多かった。なぜなら一般の飼い主が愛犬に子犬を産ませることについて、これまで『Shi-Ba』では基本的に反対の姿勢をとってきたからだ。

そこには、飼い主は愛犬についてすべての責任があるという考えがある。また数年前から一般的な飼い犬の間で広がってきている不妊去勢手術の実施に相反すること、出産の危険性、素人ブリーディングによって生まれる子犬たちのことなど複雑な問題も絡んでいる。

一度はウチのコの子犬が見たい。こうした発言は、平成の時代をさかのぼるほどに飼い主が気軽に口にすることだった。昭和から平成一桁の頃であれば、公園などで出会った同犬種の雌犬の飼い主に向かって「うちのコのお嫁さんになって」などと発言した飼い主が、ひんしゅくを買うこともめずらしくなかった。

愛犬は家族、あるいは娘や息子と同等という感覚が広がるとともに、そうしたケースは減っていったが、自分で雌雄のペアを飼育して出産させたいと考える人は少なくなかった。だが生まれてくる犬の一生を考えれば、それはとても危険な行為だ。

そもそもブリーディングというのは遺伝的な特徴をしっかりと把握しておこなうもので、それを無視すれば子犬が生まれながらにして、疾患を持つ確率が高くなる。なかには異常に神経質になるなど、性格や気質の面で家庭犬として飼いにくい要素を抱えることもある。

生まれた犬すべてを生涯世話する覚悟があれば、かろうじて許されることなのかもしれない。しかし、物理的にも金銭的にもそこまでのことができる人は少ない。誰かに譲ることを考えるのが現実的だが、すべての子犬に行き場があるとは限らない。

子犬の繁殖について、さらに問題を根深くしているのは、子犬を収入源と考える飼い主が少なからずいたことだ。これはペットブームに乗じて人気犬種の子犬が高値で取引されている、という情報がマスコミや口コミで広がった影響が大きい。ペット業界は平成の時代に巨大化した産業のひとつで、この当時すでに市場規模一兆円を突破したことで注目されていた。流行犬種はミニチュア・ダックスフンド、チワワ、シーズー、ポメラニアンなどの小型犬が中心。限られたスペースでも飼育できると、集合住宅のリビングの一角に置いたケージで親犬に出産させる飼い主も出現した。

こうした人々の多くは、子犬の出産を割の良い副収入と考えたのだ。だが、はたして本当にそうだったのか？　いくら需要が増えたとはいえ、もともと複数のプロが存在していた世界だ。〝高値で取引〟のなかに、素人ブリーディングで生まれた子犬が含まれるのか否かを冷静に判断すれば、その可能性はかぎりなく低い。きちんと世話をすれば人手や医療費などの資金もかかる。生まれた子犬を売って利益を出すというのは、そもそも簡単なことではないのだ。

だが平成中期から現在にかけて、このような素人ブリーダーは確実に存在している。それが世間に露呈するのは、主に犬の数が増えすぎて飼育不可能になった場合だ。

発覚のきっかけは、本人が動物愛護団体などのボランティアに相談するケース、あるいは近隣住民から保健所へ寄せられる苦情によるものだ。多数の犬たちがワクチンによる予防接種などの医療ケアどころか、フードやトイレなど日常の世話さえされず、荒廃を極めた室内で生きながらえているという状況が多い。

　いわゆる多頭飼育崩壊といわれる状況で、行き場をなくした犬たちは、行政が運営する保健所や動物愛護センターあるいは民間のボランティア団体が引き取るしかないのだ。

＊

　柴犬に限らず、ブリーダーであれば「良い犬をつくりたい」と考えるのが当然で、そのため交配時の組み合わせやペアになる犬の体調には細心の注意を払う。佐藤のもとで暮らす真結の妊娠は、そうした条件のもとでおこなわれた結果だった。だがそうした真っ当なブリーダーは、日本のペットビジネスの世界では残念ながら少数派といってもいい。

　この国のペットショップに並ぶ犬のほとんどは、繁殖業者と呼ばれる者たちのもとで生まれている。そこでおこなわれているのは、遺伝的な特徴をはじめ心身の健康さえ無視したもので、とにかく手間とお金をかけずに一頭でも多くの子犬を手に入れることが優先されている。

　親犬たちは、掃除の行き届かない不潔な狭いケージのなかで、ひたすら出産させられ続ける。こうした繁殖業者が日本に出現したのは平成に入ってしばらくした頃で、ペットブームの影響で犬の飼育率が上昇するのに合わせて数を増やしている。生き物や命を扱う仕事のあるべき姿とはほど遠いその様子から、いつしかパピーミル（子犬工場）と呼ばれるようになった。

そうした犬たちが流通経路を経て、ペットショップのショーケースに並んでいることは想像に難くない。だがその実態は、一般の愛犬家をはじめ多くの日本人にとって長らく謎のままだった。

それは『Shi-Ba』編集長の井上など、愛犬情報誌で仕事をする者にとっても同様で、「真っ当なブリーダーが運営する犬舎とは別のところに、どうやら不幸な犬がいるらしい」ということが薄々わかる程度だった。平成時代の急成長で経済界からも注目されたペット業界は、分厚い壁に取り囲まれたアンタッチャブルな世界だったのだ。

そこに初めてマスコミが入ったのは、このときから三年を経た平成二十（二〇〇八）年のこと。朝日新聞出版刊行『AERA』十二月八日号に掲載された特集〈犬ビジネスの闇〉で、日本のペット流通の驚くべき事実があきらかにされたのだ。

記事を担当したのは朝日新聞記者の太田匡彦（おおたまさひこ）で、隠蔽体質のペット流通業界、さらに動物愛護センターなどの動物行政の現状を丹念に取材することで、次第に犬に関わる業界の全貌がわかってきた。

この特集は同誌でシリーズ化され、平成二十一（二〇〇九）年四月十三日号〈隔週木曜日は「捨て犬の日」〉、同九月七日号〈ルポ「犬を殺さない国ドイツの常識」〉、同十月二十六日号〈第2派閥は「愛犬派」だった〉、平成二十二（二〇一〇）年五月三十一日号〈ペット売買の闇生む「犬オークション」の現場〉、同六月二十一日号〈「犬に優しい」全国自治体ランキング〉を掲載。同九月に朝日新聞出版より単行本『犬を殺すのは誰か　ペット流通の闇』として刊行された。

この単行本は、第1章のタイトルである〝命のバーゲンセール〟に象徴されるように衝撃的なもので、子犬たちがまるでモノのように扱われるペットオークション（競り市）の様子を伝えていた。

ベルトコンベアに載せられた段ボール箱に入っているのは、生後一か月ほどの幼すぎる子犬たち。犬種はミニチュア・ダックスフンドやチワワ、ポメラニアン、柴犬など、いずれも人気犬種ばかりだ。

それらをほんの数秒で見分け大量の子犬を競り落としていくのは、全国でチェーン展開する大手ペットショップの仕入れ担当者たちだ。こうした競り市は、平成に入った頃から急速に広がった大型のペットショップ店の需要に応じて拡大した日本のペット業界独特のものだという。

チェーン系大手ペットショップは独立した店舗もあるが、その多くは同じ時期に日本全国にオープンした郊外型の大型ホームセンター、大型スーパーマーケットのなかの貸店舗で営業している。

それらに共通するのは派手な広告、歩道や通路に面したガラス張りのケージに子犬や子猫を展示するアミューズメントなムード漂う店舗づくり、抱っこを勧めて「飼いやすい」「おとなしい」など動物の飼育は簡単だとアピールする営業トークで衝動買いを促すスタイルだ。

ペットを飼うのが初めての人にとって、ショップの店員はペットのプロだ。そのプロから「犬の飼育は簡単だ」と言われれば、多くの客は躊躇なく買ってしまう。

このような〝熱心な営業〟を続けても、流通業界にはかならず売れ残りが発生する。取材を受けた元ペットショップの店員は、過去にそうした子犬を冷蔵庫に入れて殺すペットショップがあったことを証言している。生き物をモノのように扱うペットビジネスの現場の様子を伝えるルポは、犬好きならずとも凍りつく事実をあきらかにしたのだった。

一方、衝動買いによって子犬を連れ帰った飼い主には、その日から食事やトイレ、散歩、しつけなどの世話が始まる。飼い主にとっては、それこそが最大の楽しみなのだが、ぬいぐるみ感覚で購入した者は予想もしていなかった大仕事に呆然（ぼうぜん）となる。こうした状況から「こんなはずではなかった」と飼育放棄され、保健所や動物愛護センターに収容される犬が増えていることも報告されている。

実際、野良犬がほとんどいない大都市圏では、行政施設に保護されている犬のほとんどが純血の人気犬種で、その出どころがペットショップであることはあきらかだった。

こうした施設に収容される多くの犬たちの末路は殺処分だ。

倫理的にも大きな問題を抱えるペットビジネスの世界だが、法的な規制はほとんどなかった。この点については環境省など国側も対応を進めていて、平成十一（一九九九）年十二月に改正された動物愛護法について、平成十七（二〇〇五）年六月に二度目の改正をおこなっている。

この改正によって、ペットショップや繁殖に関わる動物取扱業が届出制から登録制になり、悪質な業者は登録の取り消しや業務停止命令をうけることが決まった。またマイクロチップによる飼い主の特定方法を広めること、そして虐待・遺棄に対して従来の罰金三十万円以下を五十万円以下として罰則を強化した。

平成三十（二〇一八）年の今現在、動物の殺傷は二年以下の懲役あるいは二百万円以下の罰金、虐待・遺棄は百万円以下の罰金となっている。その後、令和二（二〇二〇）年の改正法施行により、殺傷・虐待遺棄について厳罰化が進んだ。殺傷は五年以下の懲役又は五百万円以下の罰金、遺棄・虐待は一年以下の懲役又は百万円以下の罰金になっている。

このように法的整備は進み、事態は少しずつ変わってきている。しかし、その内容はまだ完全ではない。ペット流通業界は大量生産・大量消費のうえで成り立っているといってもいい。犬の飼育が初めてという消費者に対して、ショップスタッフが気軽に飼えることのみをアピールする営業スタイルを続ける店は今もめずらしくない。業界のシステムを根源から変えること、動物に関わる者すべてのモラルの向上をはかることはとても難しいのだ。

＊

この国には、犬をないがしろにする世界がある。ペット流通の実態と無責任な飼い主の話を耳にするたびに、井上は耐えがたい気分になった。犬バカのひとりとしては、犬をモノのように扱う輩など許せるはずもない。

人間の都合で、動物の命を軽々しく扱うことなどもってのほか。せっかく出会った愛犬と、とことん向き合わなくてどうする？　犬の心によりそってこそ見えてくる世界があり、それこそが愛犬ライフの醍醐味なのだ。

創刊当時から『Shi-Ba』では、飼い主の責任と命の尊さにつながる内容の記事を硬軟とりまぜて扱ってきた。犬の繁殖事情を読者に伝えることで、出産は気軽にするものではないと伝える記事も掲載してきた。

だから真結の出産については、プロのブリーダーの管理下とはいえ、これまでの方針と矛盾していると批判される可能性もあった。しかし、やはり隠し事はしたくない。命を産み育てることは、生半可なことではない。だからこそ、この事実を読者と共有したいと井上は考えたのだった。

真結の交配日は、四月中旬だった。それ以来、飼い主の佐藤は「本当に妊娠したのか?」「流産しないか?」「バイキンが入らないか?」と心配の日々を送ってきた。つわりの時期に入って真結の食欲が落ちてくると、心配はさらにつのり、散歩に出て疲れた様子を感じたら抱っこで帰るという甘やかしようだった。

だが実際のところ、真結は元気いっぱいだった。川遊びで見せた野生児ぶりは妊娠期間中も健在で、「なんで遊んじゃいけないのさ!」とばかりにあちこち飛び跳ね、遊び飽きれば「腹ペコだ!」と同居する猫のゴハンをパクパクと盗み食い。お腹がいっぱいになればグーグー眠る、健康優良妊婦ライフを送っていた。

犬の妊娠期間は六十三日前後といわれる。予定日を一週間後にひかえた六月初旬、動物病院でエコー検査をしたところ約十五センチに育った二匹の胎児の姿が確認できた。位置や方向も正常とわかり経過はいたって順調だ。それでも心配な佐藤は、数日ごとに動物病院に通った。毎晩一緒に添い寝して、真結のお腹を優しくさすったり、聴診器で心音を聴くという日々を送っていた。

出産予定日は、六月十七日。もちろん佐藤は、仕事を入れずに自宅で待機した。しかし、いくら待っても兆候は見られなかった。

「いったい、どうなってるんだ……」

心配のあまり佐藤のなかにあらぬ妄想が広がるが、当事者の真結は食欲全開でゴハンをバクバクと平らげた。それから数日は、散歩の途中に生まれてしまわないか？　寝ている間に生まれてしまわないか？　仕事に行っている間に生まれてしまわないか？　と一瞬たりとも目を離せない状態の佐藤は、ロケ先から頻繁に電話を入れる日が続いていた。

陣痛の兆候があらわれたのは、六月二十四日の午前中だった。

真結は、おしっこが我慢できない様子で、ゴハンも水もとらなくなった。やがてフロアのあちこちで穴を掘るようなしぐさをするなど、落ち着かない様子を見せ、昼頃には苦しそうな様子でヤギのような鳴き声をあげた。

「いよいよ出産が始まるみたい！」

この日、佐藤は井上とともに早朝から撮影に出ていた。妻からの連絡をうけて、大慌てで自宅に戻ったのは午後二時半。もちろん井上も一緒だ。だがそれから三十分ほどしても変化は見られない。

「生まれないですね……」

「動物病院では、身体を動かしたほうがいいと聞いたんですよね」

佐藤がそういうので、近くに散歩に出ることになった。心配しながら一同でゾロゾロと真結の後をついて歩きはじめた。だがすぐに真結が自宅に帰りたがったため、また一同でゾロゾロとUターンした。

　定期的な痛みに襲われるのだろう、真結は何度もヤギのような鳴き声を響きわたらせた。そのたびに、カメラを構えた佐藤は寝床をのぞきこむ。

　そして午後三時半、真結が何度目かの声をあげると突然、羊膜に包まれた子犬が半分ほど姿をあらわした。

「ああ、生まれる！」

　その瞬間、佐藤はカメラのことをすっかり忘れて手で受け止めようとした。だが真結は、それを無視するように部屋の奥へと移動した。そして横たわると、子犬がスルリと出てきた。感動の誕生の瞬間だ。我に返った佐藤は、連続してシャッターをきった。

　でもまだ安心はできない。母犬には、子犬を包む羊膜を咬んで破るという重大な任務があるのだ。しかし、一緒にあらわれた胎盤のほうが気になるのか、真結の意識は子犬の羊膜へといっていないようだった。

「真結ちゃん、初めてでわからないのかな」

「このままじゃ、赤ちゃんが……」

「動物病院に電話しよう！」

　幸いかかりつけの病院が近所だったので、数分後に獣医師が駆けつけて処置にあたった。羊膜を破り、へその緒を糸で結ぶ。濡れタオルで羊水を拭き取ると、子犬の頭を下にして両手でしっかりと持ってブンッブンッと振った。こうして口に入っている羊水を吐き出させた瞬間から、子犬は肺呼吸に切り替わるのだ。

ミュー、ミュー……。

小さいけれど、しっかりした子犬の声がした。

それから数分後、短い〝ヤギ声〟を発した真結は二匹目を出産した。獣医師の手早い処置で、子犬はすぐに産声をあげた。

「おめでとうございます。二匹とも元気ですよ！」

獣医師の言葉で、一気に安堵感が広がった。

「生まれたー！」

「よかった！」

今、ここに尊い生命が誕生した。感動と喜びの瞬間だった。

「うう、真結〜！　真結ぅぅぅ〜〜！」

佐藤はこみ上げるものを必死におさえながら、大仕事を終えたばかりの愛娘にレンズを向けた。羊膜の処理では心配したが、真結は生まれたばかりの我が子をペロペロとなめて世話して、さっそくおっぱいを与えはじめた。誰が教えたわけでもないのに、早くも立派にお母さんの役割を果たす姿は神々しさにあふれていた。

子犬たちの体重は三百十グラムと二百六十グラム。目が開くまで二週間近くかかるが、毛が乾いてくると犬らしい姿になってくる。

「くう〜、かわい〜な〜！」

井上も子犬たちから目が離せなくなっている。

やがて朗報を受けた編集部スタッフが駆けつけてきた。

「おめでとうございます！　これ、お祝いです」

持参したケーキの箱を開けると、一同が絶句した。

チョコレートのプレートに書かれていたのは、なんと〝出産おめでとう真結さん〟の文字だった。井上が突っ込んだ。

「なんで真結、さん、なんだよ!?」

「出産祝いだって言ったら、ケーキ屋さんが人間のお母さんと勘違いしちゃったみたいなんですよねー」

スタッフの説明に、今度は一同で爆笑しながらお祝いのケーキを味わった。

その後、子犬たちは順調に成長していった。真結も初めての子育てながらとてもリラックスした様子で、どうやらお母さんライフを楽しんでいる様子だった。

「真結ちゃん、前よりも色っぽくてかわいくなった気がするんだよね……」

佐藤の犬バカぶりに、さらに磨きがかかったのは言うまでもなかった。

赤ちゃん枕にして大丈夫かな～？
教えなくても、立派にお母さんしてます
子犬の世話はちゃんとしているようなのだが、気がつくと枕にしてたり踏んづけたり。結構適当に子犬を扱っている。それでも子犬はメキメキ大きくなっていく！ 愛らしくて1日中見ていても飽きません。

『Shi-Ba』24号（真結と子犬）

第十二話　戌年バブルがやってきた!?

チェーン系餃子(ギョーザ)専門店で腹を満たした井上は、編集部に戻る道を足早に歩きだした。時間は深夜三時すぎ。平日だというのに、通りには派手なドレスに身を包んだ人々が繰り出している。思い思いのヘアメイクでキメた一団とすれ違うたびに、はしゃいだ声がそれとなく耳に入る。どのグループもテンションは高いが、音程はいずれも低めだ。

『Shi-Ba』編集部が入る辰巳出版本社ビルは新宿二丁目にある。

ここは世界最大ともいわれるゲイタウンのど真ん中だ。ビルから一歩出た仲通り周辺には、世間で少数派とされる嗜好に応えるバーやクラブがひしめいている。至近距離にある歌舞伎町と並ぶ歓楽街だが、平成十七（二〇〇五）年のこの頃は、賑(にぎ)やかさでは交差点を隔てた二丁目のほうがはるかに勝っていた。

平日は夜八時あたりから馴染みの店をめざす人でごった返し、週末ともなれば道いっぱいに人があふれて前に進むのも苦労するほどだ。朝五時、六時は序の口で、井上が出勤する午前十時をすぎても弾けた声をあげながら次の店を探すグループを目にすることもめずらしくなかった。

そんな世界的に有名な繁華街が、思いのほか治安がいいということはあまり知られていない。この場所に夜の店が集まりだしたのは戦後まもなくのことだが、一貫して犯罪発生率は低く、特に血なまぐさい凶悪犯罪はこれまで一度もないといわれている。稀に警察官が出動することはあるが、ほとんどは小競り合いをなだめる程度だ。世界一の規模ともいわれるゲイタウンは、犯罪や暴力とは極めて縁遠いピースフルな街——というのは、井上も働いてみて初めて知ったことだった。

「お疲れさまでーす」

「おう」

会社の前で、コンビニの袋をさげた他部署の女性スタッフと一緒になった。街には酔っぱらいがあふれているが、こんな時間に女性がひとり歩きをしても絡まれる心配はない。

今、編集部は次号の校了にむけてラストスパートに入っている。腹ごしらえをしたら、これからまだまだ作業が続く。連日となると目、肩、腰と疲労がたまり体力的には決して楽ではない。だが井上は、いつにも増してノリノリで仕事に没頭していた。

このとき校了をめざしていたのは平成十八（二〇〇六）年の『Shi-Ba』新年号。この年の干支（えと）は戌（いぬ）だ。これは、つまり犬が主役の一年の幕開けを飾る特別号なのだ。いったい来年は、どんな年になるのだろうか？　ともあれ一年を司（つかさど）るのが犬なのだから、いい年になることだけは間違いがない。十二年に一度めぐってくる特別な年をひかえて、井上のテンションは上がる一方だった。

「表紙のコピーは〈戌年だよ、萌えシーバ！〉にしよう！」

考えたのは、平成十七（二〇〇五）年の新語・流行語大賞のトップテンにも選ばれた、流行り言葉を使った直球ネタだ。いつも愛情いっぱいに愛犬に接している飼い主が、さらに愛情を注いで「萌えぇぇ〜っ！」となることを力のかぎり呼びかける、犬バカとしても入魂のコピーだった。

しかし、そこにはノリだけではない真剣な想いも込められていた。

この頃の平均寿命が十三歳前後の多くの犬にとって、戌年を経験するのは一生に一度がいいところ。実は飼い主にとっても、愛犬と一緒に戌年を祝うというのは、とても貴重なチャンスなのだ。

そんなメデタイ新年号の巻頭特集は、戌年雑学をたっぷりと知ることができる内容だ。

干支が生まれたのは中国で、日本に伝わったのは千五百年から二千年前といわれている。しかし、日本人のあいだに広く浸透したのは江戸時代になってからで、時間や方位をあらわす従来のものが動物とつながったのもこの頃だという。

神様が元日の朝に挨拶に来た順番に十二種類の動物を選んだ、という有名な昔話も同じ時代に生まれたといわれている。選ばれた動物にはそれぞれ願いが込められていて、戌年には親交を深めて争い事のない年になるようにという意味がある。犬の社会性や人間と信頼関係を結ぶことができる能力に注目したもので、犬そのものが平和の象徴なのだという。

そのほか話題は、戌年の有名人、有名犬、さらに世界各国に存在する犬がらみの迷信、日本犬の歴史、戌年グッズコレクション、今さら訊けない犬にまつわる素朴な疑問などにもおよんだ。

それらと組み合わせる写真は、冬の西日が輝く草原をイキイキと疾走する柴犬で、編集部自ら〈12年に1回の強引な大特集！〉というとおり、犬ネタてんこ盛りの特集になる予定だった。

そして新年号でしかできない企画といえば、新年会の開催だ。

誌上に集まったのは『Shi-Ba』でお馴染みのスタッフ犬たち。〈柴犬新年会〉で一番盛り上がる話題といえば、彼らの飼い主つまり編集スタッフの悪口だ。

スタッフ犬一号の福太郎が「無報酬でこきつかってギャラはないんかいっ！（怒）」と吠えれば、「騙(だま)されて無理矢理激流で泳がされたもんね」と四号の文太も雄叫(おたけ)びをあげた。

一方、三号のりんぞーは、車酔いが克服できないことがむしろ吉と出てロケにかりだされることもなく、近所のドッグカフェで優雅な日々をすごしていることが判明、他のスタッフ犬の羨望を集めた。

五号の真結は、飼い主の佐藤と妻が見立てた自慢の着物で登場。楠本の実家で暮らす六号の花(はな)、アルバイトの編集スタッフとして働く金子志緒(かねこしお)の愛犬で甲斐犬の七号ジュウザなど、ベテランからニューフェースまで見開き二ページにズラリと勢揃いした。

そんな編集部の様子を見守るかのごとく、天国支部から声援を送るのはスタッフ犬二号のポジだった。

「みんな、しっかり働けよ～」

そうなのだ、我々の仕事は徹底的に犬と向き合って、できるだけ多くの読者に犬の本音を伝えていくことなのだ。だから、今年も頑張ろう――。

ポジの言葉は『Shi-Ba』編集部で働く人間スタッフの胸に深く響いたのだった。

こうして新年号が無事に読者のもとへと届けられ、除夜の鐘が鳴ってほどなく、『Shi-Ba』編集部にある〝事件〟がおこった。柴犬をテーマにした川柳を写真とともに紹介する同誌の人気連載コーナー〈しばせん〉が、NHK教育テレビジョン(現・NHK Eテレ)で紹介されたのだ。放送は一月二日の午前中、なんと正月の風物詩ともいわれる『箱根駅伝』の裏番組として全国放送された。

年末にNHKの撮影スタッフが編集部にやってきて撮影したVTRには、柴犬川柳をひねりだしている井上の姿が映しだされ、スタッフ犬一号の福太郎も登場した。アナウンスのプロに「デブ犬」と真面目に紹介された瞬間はズッコケそうになったが、選りすぐりの柴犬川柳が全国放送で読みあげられた瞬間は感無量だった。

自分がテレビ画面に登場したときは照れくさくて仕方がなかったが、休み明けに「見ましたよー！」という読者からの年賀状やメールのメッセージを読んだときは素直に嬉しかった。そんな勢いに乗るように、編集部にはテレビや新聞、雑誌など各種マスコミから取材依頼が次々に入ってきた。いずれも干支にちなんだものだ。

「やっぱ戌年いいなー。このチャンスに、柴犬の魅力を力のかぎり世間にアピールしまくるぜ！」

戌年バブルに浮き立つ編集部で、井上は鼻息荒く新年の抱負を語るのだった。

*

「次回の〈シバコレ〉のタイトルは、〈柴犬演歌道〉です！」

初めてその企画を聞いたとき、井田綾は思いきり絶句した。テーブルを挟んで座る編集担当の宮崎は、さっそく内容の説明をはじめた。

「もとネタは、演歌スターのCDジャケットです。その世界を柴犬が再現する企画にしたいんです」

井田は心のなかで、さらに突っ込みを入れまくった。演歌の世界を再現？　それって、どうすればいいの？　いやいや、ムリにもほどがあるし……！　〇〇道というタイトルは、井上の大好物だ。個人的な趣味が全面的に投入された企画なのはあきらかだが、宮崎もなにやらノリノリだ。

「長年日本人に愛されてきた柴犬が、日本人の心を歌う演歌の世界を表現するなんて、最高ですよ！」

迷いゼロの話しぶりに、井田もつられてプッと噴き出した。

「それ、すっごい面白そう！」

「ですよねー？」

「それでジャケ写って、たとえば？」

井田が訊くと、宮崎は悪びれずに首をかしげた。

「さあ、何がいいですかね？　私、演歌ってよくわからなくて」

一瞬脱力しそうになったが、二十代なかばの宮崎が演歌に疎くても仕方がない。さっそくＣＤ屋に行って、ふたりであれこれ言いながらジャケットをチェックした。

選ばれたのは『いぶき　天童ベスト・セレクション』（天童よしみ）、『狼たちの遠吠え』（森進一）、『きよしのドドンパ』（氷川きよし）、『ふたりの大漁節』（坂本冬美）、『はぐれ笠』（北島三郎）の五枚。いずれも前年の大晦日の『ＮＨＫ紅白歌合戦』に出演した面々で、歌唱力はもちろん個性の点でも粒揃いだ。ジャケット写真も華やかさ、渋さ、威勢良さとバラエティ豊かな世界が表現されている。

「わぁー、これをワンコたちが再現するんですね。すごい楽しみ！」

「こんなぶっ飛んだ企画、初めてだわー。あはは……」

上機嫌な宮﨑につられて笑いつつ、井田は内心「大変なことになった」と思った。

井田の肩書きはドッグスタイリストだ。具体的な仕事内容は、犬をモデルに使うグラビア撮影のスタイリング全般で、この名称で仕事をしていた人間は、おそらく日本で唯一といっていいだろう。『Shi-Ba』では柴犬ファッションを提案するページ、〈シバコレ〉を担当している。

スタイリストとして仕事をはじめたのは専門学校を卒業した十九歳のときで、主に広告やテレビCMのスタイリストとしてキャリアを重ねていった。

ひとくちにスタイリストといっても、その仕事内容はメディアによって大きく違う。ファッション雑誌のモデル撮影を担当するスタイリストは、洋服や靴、バッグなどの小物を揃えるのが主な仕事だ。だが井田がいた業界のスタイリストは、それらに加えて、家具から観葉植物、インテリア小物、食器まで幅広いものを扱う。つまり広告やテレビCMのコンセプトやイメージを具体的な絵にすることが仕事だった。

そんな世界でバリバリと働いていた井田に転機が訪れたのは、三十代なかばだった。

初めて犬を飼ったことで、生活が大きく変わったのだ。

愛犬はミニチュア・ダックスフンドの雌で、名前はウラン。一緒に暮らしてみるとあまりにかわいくて、ひとりで留守番をさせることなど考えられなかった。そのときの井田は、契約に応じて働くフリーランスとして仕事をしていたので時間的な融通がつけやすかった。一方、夫は映像関係の会社員として不規則な日々を送っていたため、実家の母親を頼ることになった。こうして井田に仕事があるときは母親にウランを預け、仕事が終わると引き取りに行くというパターンにおさまった。その結果、ウランは留守番知らずのお姫様ダックスとして育てられた。

それでも井田は、仕事でウランと離れることが辛かった。スタイリストの仕事は、打ち合わせから撮影準備、撮影当日の立ち会い、終了後に撮影で使用したものを返却するまで、とにかく拘束時間が長い。

母親が世話をしてくれているので安心とはいえ、なにしろ寂しくて仕方がない。そんなとき井田はいつも思うのだった。ウラン同伴で出勤できればいいのに……。折しも長年働いてきた広告業界は、バブル崩壊後から厳しいといわれ続け、新しい世紀を迎えてからはさらなる予算縮小に向かって突き進む一方だった。

働き方について、一度見直すときがきているのかもしれない。

そう感じた井田は、あらためて自分がやりたいことについて考えた。いうまでもなくそれは、ウランと同伴出勤できる仕事だ。そうだ、これからは犬雑誌の仕事をしよう! ひらめいたら行動あるのみで、あらゆる愛犬雑誌にコンタクトをとった。

そのひとつが辰巳出版で、井上率いる編集部は『Shi-Ba』創刊の翌年に『コーギースタイル』、その一年後に『チワワスタイル』を創刊し、さらに平成十六（二〇〇四）年のこのときは『ダックススタイル』の創刊準備を進めているところだった。そこへダックスの飼い主である井田があらわれたのは、編集部にとっても願ってもないことで、それは運命の出会いといってもよかった。

愛犬ウランへの熱い想いをはばかることなく口にする井田が、井上を筆頭に犬バカが集う編集部のスタッフと意気投合しないわけがない。こうして井田は、日本で唯一のドッグスタイリストとして、新たなスタートをきったのだ。

雑誌の仕事を始めて驚いたのは、制作予算があまりに少ないことだった。

広告業界でのスタイリストの仕事は、リース業者をまわってモノを集めることから始まる。この業界には家具や植物、小物など、ほぼすべてのジャンルのグッズを扱う専門業者があり、リース料はけっこうな金額になる。もともとは億単位の制作予算がめずらしくない広告業界だけに、激しく縮小傾向にあるとはいえそれなりの額は確保されていたのだ。

それにくらべ出版業界は、そもそも制作予算の単位が違う。リース会社からモノを借りるなどとてもムリな話だとわかったが、それでも井田はたいしてガッカリしなかった。なにしろ愛するウランと一緒に仕事ができるのだ。

なければ、自分でつくればいいんだ!

そう思ったら、俄然やる気がわいてきた。井田の強みは、背景から小物に至るまでトータルにコーディネートしてひとつの世界をつくれることだ。そして〈シバコレ〉の企画の多くは、愛犬ファションを紹介するのにとどまらない。ひねりと笑いをきかせながら柴犬の魅力を引き出す絵をつくることが、すでにこのコーナーでは定番になっていた。

平成十六（二〇〇四）年から十七（二〇〇五）年あたりは、ドッグファッションメーカーが増えつつあり既製品も充実しはじめていた。コーギーやプードル、ダックスフンドなどの犬種では、メーカーの協力で最新ファッションを紹介することも多かった。

しかし『Shi-Ba』の企画にいたっては、そもそもマッチする既製服がないというケースがほとんどだった。たとえば二号前のタイトルは〈職人魂！　ガテン系ファッションで男を磨け〉だ。これは塗装工や配管工といった専門技術を駆使する現場仕事に従事する男の世界がテーマで、それらが柴犬によって渋くカワイク再現されるページだ。

誌面で柴犬が着用したガテン系の服はほぼすべて井田による手づくりで、人間用のユニフォームを参考に型紙からすべてオリジナルで制作したものだ。広告関係のスタイリスト時代から洋服や小物の制作をすることがあり、すでにミシンは使いこなしていた。

だが人間のデザインを犬用に転化するというのは、独特な技術とセンスが必要で、それらは複数の犬の既製服を解体・研究しつくした結果だったのだ。

＊

こうして井田は、井上率いる犬バカワールドに急速に馴染んでいった。そしてこれは本人も薄々予想はしていたことだったが、仕事のハードルは毎回着実に上がっていった。なかでも今回の内容は突出していた。

〈柴犬演歌道〉の仕事は、とにかくジャケット写真を食い入るように見つめることからスタートした。

最初は北島三郎の『はぐれ笠』だ。任侠世界の主人公を演じるサブちゃんが、そのまま柴犬に変身したらどうなるのか？　井田はその姿を力のかぎり想像した。あたりまえだが、人間と犬は体型も骨格も違う。たとえサブちゃんの衣装を緻密に再現しても、ジャケット写真と同じ絵にはならない。

特に和装の場合は、帯や小物の位置など大胆なアレンジが欠かせない。井田の脳内で、サブちゃんの姿と柴犬の姿が何度も行き来しながら、やがてひとつの絵として構築されていった。

こうして五枚のジャケット写真のイメージが固まったら、次は素材選びに入る。井田は、なるべく人間用と同じクオリティの生地を使うことにしている。たとえ柄がそれ風であっても素材感で印象はかなり変わってしまうからだ。誌面を見た人から「犬用だからこの程度」と思われるのは、犬を愛する仕事人として耐えられない。

しかし、犬用だからこその工夫も必要だ。たとえば人間用の和服生地は伸縮性がなく、動きの激しい犬はあっという間に着崩れてしまう。なんとかならないかと思っていたところ、生地問屋街で有名な日暮里(にっぽり)で伸縮性のある和服柄の生地を探し出すことができた。

やがて編集の宮崎から、モデルとして出演する柴犬のデータが送られてきた。体重や体高、胴や肢の長さ、首まわり、胴まわりなど、井田があらかじめ指定した場所を飼い主にお願いして計測してもらったものだ。

サイズがわかったら型紙づくりに入る。人間用でもそうだが、服づくりでもっとも技術とセンスが必要なのが型紙づくりだ。ただしサイズは、ある程度の誤差がかならず出るのでマジックテープで微調整できるようにしておく。

また撮影のアングルも重要だ。斜め横からか、あるいは振り向いたポーズなのか、角度によってつくりこむ方向性も違ってくる。

そして、いよいよ撮影当日。

特集のタイトルを飾るのは、天童よしみ、もとい〝天童しばみ〟に扮したスタッフ犬一号の福太郎だった。七歳になって、創刊号の頃とくらべると目や口のまわりに白い毛

「天童しばみ」（『Shi-Ba』29 号掲載）

が増えているが、「まだまだ若いモンにゃ負けん!!」と元気いっぱいで井田のお手製の衣装に身を包んだ。

福太郎が動くたびに頭の羽根飾りは大きく揺れ、メタリックのガウンがひらめき、スパンコールがキラキラと部屋中に乱反射した。

「福ちゃん、かわいいー!」

「し、ば、み、ちゃ〜ん!」

井上や宮﨑の声援で、福太郎は口角の上がった満点の笑顔で〝天童しばみ〟を演じきった。

その後、時間差で読者に連れられた愛犬がスタジオに到着した。

読者協力の撮影は、事故などを防止するために一頭ずつおこなうのが原則だ。なかには洋服を着慣れていない柴犬が参加することもあるが、井田はおやつなどに集中させたタイミングでパパッと着せていった。

人間モデルは服に合わせて頑張るのが仕事だが、犬モデルにはストレスを与えないように、できるだけ短時間で撮影することが必須だ。そのために井田は、衣装を〝完璧〟に仕上げてあった。だからたとえモデル犬が走っても、伸びをしても、ブルブルと身体をふるわせても、被りモノも含めて衣装が大きく乱れることはなかった。

ジャケット写真を再現するためには、背景の準備も手抜かりなしだ。花畑や富士山、大漁旗、薄曇りの日本海の風景などは、犬とは別カットで撮影しておく。それをもとに担当デザイナーが、実際のジャケットを確認しながら、レイアウトや色みなどを整えた。

こうして天童しばみを筆頭に、森柴一、柴川きよし、坂本柴美、北柴三郎という豪華な顔ぶれが『Shi-Ba』誌面に登場した。〈柴犬演歌道〉は凝りに凝った内容とクオリティの高さで読者の度肝を抜き、アンケートでもダントツの人気を記録。戌年にふさわしい『Shi-Ba』の歴史に残るページとなったのだ。

第十三話　嗚呼、憧れのワンコ旅

それは一瞬の出来事だった。

「ウギャ～!!」

診察室に響いたのは犬の吠え声だ。それと同時にあらわになった真っ白な牙が、人間の皮膚をザックリと引き裂いていった。

「痛って～！」

悲鳴とともに、井上の指からドボドボと鮮血が滴った。だが注目する者は誰もいなかった。

「あ～、痛かったね～、福ちゃん！」

「福ちゃん、ごめんね。頑張ったね！」

「えらかったね、福ちゃん！　もう終わりだよ」

妻の美津子や獣医師、看護師は、診察台に乗せられた福太郎を全力でなだめ気遣うのに大忙しだ。

「あ、あの～、俺は……？」

診察室の床を血だらけにする井上に、美津子がきっぱりと言った。

「ぼーっとしてるから咬まれるのよ！」

「……はい」

「福ちゃん、もう大丈夫ですよ。通院は今日で終了です」

妻の言葉にシュンとしながらも、井上は獣医師の説明を聞いて心から安堵した。

福太郎の下腹部にしこりがあると気づいたのは、ある秋の夜のことだった。いつものように全身を撫でていたら巨大な異物があり、あわてて動物病院に連れていった。すると、なんと合計で六個も腫瘍が見つかったのだ。

どうして、今まで気づかなかったんだろう……？　福太郎がちょっと迷惑がっているとわかっていても、ベタベタとくっついて身体のあちこちを触るのが毎日の楽しみだっただけに、井上は大きなショックをうけた。

すぐに手術がおこなわれたが、それだけでは安心できない。腫瘍の正体は何なのか？　詳しい検査結果が出るまで、何も手につかないという表現が大げさではない日々を経て、良性という結果にようやくホッとした。

しかし傷口が大きいため、術後の処置は長引いた。股間なのでこまめにガーゼを換えないと体液や尿ですぐに汚れてしまう。福太郎も気になるのだろう、自分でなめてしまうのでなかなか傷が塞がらない。

そんなときに役立ったのがビッグサイズの絆創膏だった。だが付着面積が大きいだけに、交換するときは大変だ。毎回のように福太郎は吠え声をあげ、大暴れしながら必死で抵抗した。美津子はうまくかわして事なきを得ていたが、井上は全治一週間の傷を負ったのだ。

だが井上には、ひたすら「ヨカッタ……」という想いしかなかった。平成十九（二〇〇七）年十一月、福太郎は九歳の誕生日を迎えた。人間に換算すると五十代後半、中年世代の真っただ中だ。どんなに健康に気をつけていても、これから病気発症のリスクは高まる一方といってもいい。

手術当日は一泊入院になったが、その晩の井上家はまるでお通夜のようだった。福太郎がいない生活など、すでに想像すらできない。もはや自分にとって犬は犬ではなく、家族なのだということを井上は今さらながら痛感した。

＊

人間にくらべて、犬の時間は驚くほど速く進む。今は仕事が忙しいからそのうちに……、などと言っていると愛犬との貴重な時間はみるみる過ぎ去ってしまう。

せっかく犬と暮らしているのだから、犬と一緒に思いきり楽しい時間を過ごそう！というのは『Shi-Ba』誌面でも常に訴えていることだ。

そのひとつが愛犬同伴旅行だ。井上は創刊当時から江の島や京都のほか、温泉地などへの犬連れ旅行の情報記事を何度も掲載してきた。

しかし、いざ自分のことになるとままならないことも多い。学生時代から三十代はじめにかけては、国内各地、中国や台湾などの海外にも頻繁に出かけていた井上は、かつては旅行情報誌への転職を密かに考えたこともあるほどの旅好きだ。しかし、今や複数の雑誌を発行する編集部をまわす多忙な立場で、なかなかまとまった休みがとれない。

「あ～あ、俺も福ちゃんと旅行したいよー！」

掲載予定の犬連れ旅の記事をチェックしながら、ついぼやいてしまう。だが問題は時間的なものだけではなかった。

福太郎はドライブが大好きだ。休日は井上が車で公園に連れていくこともあり、エンジンをかけただけで「キュ～！　キュ～！（乗せろ！　乗せろ！）」と大騒ぎする。もし人間だけで出かけようものなら「キュ～！（虐待されてま～す！）」と近所に響きわたるほどの声で訴える。それだけに車での長距離移動もまったく問題なく、むしろ終始ご機嫌といってもいい。

しかし、ロングドライブを終えて宿に着いたとたん、福太郎の態度は豹変（ひょうへん）する。飼い主たちがやれやれ寛ごうと思うと、部屋の出口に向かってキューキューと鳴きはじめるのだ。そんな状況をスタッフに説明しながら、井上はため息をついた。

「福ちゃん、宿に着くとすぐに帰りたがるんだよね〜」

井上には、どうしても福太郎の気持ちがわからない。

その理由を同誌で監修をするインストラクターに訊くと、犬にとって旅行というのは引っ越しと同じようなものだという。特に犬の不安をあおるのは他の犬や人の匂いだ。どんなに掃除が行き届いた宿でも、犬にとって違和感は大きい。部屋のレイアウトや家具、床材の質感が自宅と違うこと、他の宿泊客や犬の声が間近から聞こえることなどが、リラックスできない原因になっているという。

だが犬と旅をするのは、それほど無理な話ではない。なにしろ犬は飼い主と一緒に行動することに、何より幸せを感じる生き物なのだ。宿だけ決めてあとは愛犬のペースに合わせて自然のなかを散策するなど、あえて観光とは無縁の旅にすることが犬連れ旅の成功のコツだという。

また宿泊先の室内では、愛犬が落ち着ける場所をつくってあげることが重要というアドバイスも受けた。

それならと井上が考えたのは、布団持参の旅だった。いつの頃からか福太郎は、押し入れに入れてある布団で昼寝をするのが大好きになっていた。そんなに気に入っているのならと、今は襖（ふすま）を取り外していつでも使えるようにしてある。その布団があれば慣れない場所でもリラックスできるのではないか、と考えたのだ。

試してみると、福太郎には大好評だった。部屋の出口を凝視することもあるが、やはり馴染みの物が一緒だと落ち着くのだろう、宿でもキューキューと鳴き続けることはなくなった。それ以来、車の後部座席を布団でいっぱいにした状態で移動するのが、井上家の旅スタイルとして定着したのだった。

*

愛犬と一緒に旅をする――。

今では飼い主にとって身近なイベントのひとつであり、実際に多くの人が犬連れ旅行を楽しんでいる。これもまた平成の時代に、愛犬家のあいだに定着した行動のひとつだ。

昭和の時代、犬を飼うということは旅行に行けないことを意味していた。それが変化したのは、外飼いだった日本の犬たちが、室内で飼育されるようになったことと密接に関係している。愛犬との距離が物理的、精神的に近くなったことが、ペット同伴の旅をこの国の飼い主のあいだに広げていったのだ。

平成初期の犬連れ旅行のメインは、主にオートキャンプブームとリンクしていた。キャンプというと不便を楽しむイメージだったが、それは昭和の時代の話。平成のアウトドアスタイルは、スタイリッシュなギアを揃えた快適なテントサイトで、おしゃれで美味しいアウトドア料理を楽しむのが定番だ。最初にブームの中心になったのは、主にゴールデン・レトリーバーやラブラドール・レトリーバーなどの大型犬と暮らす飼い主たちだった。

その一方で一部のペンションや旅館が、犬連れの宿泊客を少しずつ受け入れるようになっていった。その多くは経営者自らが愛犬家という宿だ。やがてペットブームのなかでペット同伴利用が可能な宿が全国に増えていき、これまでになかった〝愛犬と一緒に旅行にいく〟という選択肢がこの国に定着していったのだ。

こうした情報が本や雑誌、インターネットなどで発信されるようになったのは平成十（一九九八）年前後からのこと。

この時期はインターネットの普及率が急激に上昇したこともあり、宿泊施設にとって公式サイトの運営は必須事項になった。さらにその情報を比較検討できる専門サイトも登場。

そのひとつ『ペット宿ドットコム』が誕生したのは平成十一（一九九九）年六月で、取り扱い件数百七十件ほどからのスタートだった。現在は約八百件の情報を扱い、平成十四（二〇〇二）年からは利用者の投票によって決定する「ペット宿グランプリ」を毎年開催。良質な宿を紹介するとともに、利用者に宿泊マナー向上を呼びかける啓蒙（けいもう）活動にも力を入れている。

犬連れの旅は、今もなお多くの愛犬家にとっての憧れだ。

それは愛犬と一緒にこんな時間が過ごせたらいいな、という願望の集大成といってもいい。特に早期からこの分野に関わった者の多くは、自らが〝あったらいいな〟の願望を抱く愛犬家というケースがほとんどだった。

そのひとつが、本田技研工業の愛犬ライフサポート事業だ。自動車業界として初のペットコミュニティサイト『トラベルドッグ』がスタートしたのは平成十三（二〇〇一）年十一月のことで、これは平成十七（二〇〇五）年から現在まで同社が運営する『Honda Dog』の前身にあたるものだ。

この事業は、同社日本本部営業企画部の村井輝博、ホンダアクセス日本営業部の礒野登希夫（いずれも肩書は平成三十〈二〇一八〉年当時）という、主にふたりの愛犬家から始まったものだった。

プロジェクトの発端は、村井が平成六（一九九四）年から一緒に暮らしていたゴールデン・レトリーバーのセリーだ。

家族同然の存在としてかわいがる一方で、村井は犬の殺処分という社会問題にも心を痛めていた。平成一桁のこの頃、全国の犬の殺処分は年間約四十五万頭と現在の四十倍を超えていた。当時は、犬を飼う↓出かけられない↓不便↓安易な飼育放棄という流れから、犬たちが殺処分されるということがそれほどめずらしくなかったのだ。

自動車メーカーの社員として、犬の社会的地位向上に貢献していこう。そう決意した村井にとって、『トラベルドッグ』の立ち上げと運営に関わる機会は大きなチャンスになった。

そこに参加したのが、当時本田技術研究所に勤務していた礒野だった。礒野もまた村井に負けず劣らずの愛犬家だ。ウェルシュ・コーギーのラッキーは家族同然の存在で、しかし一緒に生活してみると犬連れにとって不便や不満を実感することは数えきれなかった。

部署も所属もまったく違うふたりだったが、当時の同社には「これをやりたい！」という社員の熱意や意欲を認める、創業者本田宗一郎（ほんだそういちろう）のスピリットを継承するムードがあふれていた。こうして日本初、自動車メーカーによるペット事業がスタートしたのだ。技術系の礒野がめざしたのは、業界初の愛犬仕様車の開発だった。しかし当時の同社は、犬仕様の商品はカーアクセサリさえ皆無という状況で、情報もデータもゼロといってよかった。

そのとき協力したのは、プロジェクトの噂を聞きつけた社内の愛犬家有志たちだ。所属はまったくのバラバラだったが〝わんこにやさしいクルマを開発する〟という目標に全面的に協力したのだ。

村井が運営する『トラベルドッグ』のアクセス数は上昇の一途をたどっていった。なかでも好評だったのは、愛犬とのおでかけスポット情報だ。宿泊をはじめ、移動の途中で立ちよれるカフェやレストラン、観光スポットは、村井が愛犬のセリーと実際に訪ねたところばかり。サイトに掲載されているデータは、文字通り〝足で集めた情報〟だったのだ。

もうひとつ力を入れたのは、自動車メーカーの立場から各業界に〝愛犬用サービス〟の開発を働きかけることだった。

そのひとつが、高速道路サービスエリアに設置されたドッグランだ。対象は西日本エリアの高速道路を運営するネクスコ西日本、東名高速道路など主に東海、北陸エリアを管轄するネクスコ中日本、北関東、東北、北海道まで幅広いエリアをカバーするネクスコ東日本、神戸淡路鳴門自動車道や瀬戸大橋などを運営する本州四国連絡高速など。大型犬と小型犬とで別エリアにするほか、排泄物を回収する専用のゴミ箱、ペット専用の水道の設置などのアイデアを各社に提案。飲食施設や観覧車などのアミューズメント施設にも、犬連れ利用が可能になるように働きかけた。

さらに長年続けていたのは、カーフェリーを運営する船舶会社の説得だった。本州で暮らす飼い主にとって、北海道や九州は憧れの旅先だ。そのなかで提案していったのは、犬の同伴が可能な客室の設置だった。

時間はかかったがやがて各船舶会社で要職に就く愛犬家とつながり、青森の大間と函館を結ぶ津軽海峡フェリー、神戸―大分間や大阪―鹿児島間などを結ぶフェリーさんふらわあ、茨城の大洗と北海道の苫小牧を結ぶ商船三井フェリーなど、各社の新造船のたびに愛犬の同伴が可能な専用の客室をつくることに成功した。

そのほか、犬連れでも行ける施設に特化したカーナビメニューの開発、愛犬同伴歓迎のディーラーの運営など、日本の犬連れが快適かつ楽しくなるアイデアを数多く提案してきた。

平成の時代に定着した、新しい文化のひとつ犬連れ旅。複数の要素がからむ旅という行為を人知れずサポートしたのは、仕事熱心でプロフェッショナルな犬好き＝犬バカたちだったのだ。

同社は現在も公式サイト『Honda Dog』を中心に、愛犬とのおでかけ推進プロジェクトを継続している。

ちなみにペットライフに特化したプロジェクトについて同業他社と比較すると、トヨタ自動車が『トヨタドッグサークル』を立ち上げたのは、『トラベルドッグ』のスタートから十一年後の平成二十四（二〇一二）年のことだ。日産自動車は、野良猫救済キャンペーン『猫バンバン』（冬場にエンジンルームなどで暖をとる猫をまきこむ事故が多発することに注意を促し、乗車前にボンネットをバンバンと叩いて猫を逃がす方法を紹介）を平成二十七（二〇一五）年冬から主にＳＮＳで発信しているが、現在のところペットに特化した専用サイトは運営されていない。

＊

「福ちゃ〜ん、ゴハンよ〜」

キッチンに立つ美津子がフードボウルを手にすると、すでにかたわらで待機していた福太郎が目を輝かせた。先ほどから鼻の奥を刺激しているのは、鶏の茹で肉やキャベツ、ブロッコリーなどの温野菜、白米から立ち上るいい匂いだ。「よし」の合図とともに、山盛りの手作りゴハンはみるみる福太郎の腹のなかへと消えていく。愛犬の見事な食べっぷりに、井上も思わず目を細めた。

「福ちゃん、母ちゃんのゴハン美味しいか。いっぱい食えよー！」

声をかけ終わるかどうかというとき、すでに福太郎のお皿はすっかり空になっていた。しかし、福太郎のお楽しみはこれだけでは終わらない。犬の食事のつぎは、人間の夕飯タイムだ。実はこれこそが、福太郎にとって最大のイベントといってもいい。美味しそうなおかずが並ぶ食卓に鼻先を伸ばし、その内容をじっくりとチェックしていく。福太郎の視線は、皿に山盛りになった唐揚げでピタリと止まった。

アレを、アレをひとくち、食べたい……！　福太郎から送られる念は強力だ。

「福ちゃん、はいっ」

井上の箸が福太郎の口元へと運ばれると、衣をはずした唐揚げの破片が瞬時に消えていった。そうとう美味しいのだろう、ピンク色の舌が何度も口のまわりを往復している。

「よかったねー、福ちゃん」

「やっぱ唐揚げは最高だよな！」

飼い主たちの呼びかけに、福太郎はますます満足そうにしている。

ちなみに福太郎がもっとも好きな食べ物は、ケンタッキーフライドチキンのオリジナルチキンだ。こちらも衣付きというわけにはいかないが、毎年誕生日のお祝いにはかならず購入している。

犬に人間の食べ物をあげてはいけない、というのは今どきの飼い主にとって常識中の常識といってもいい。犬には犬専用のドッグフードがあって、こうした総合栄養食は必要な栄養素やカロリーをすべてまかなうことができる。

だが自分の愛犬についていえば、市販のドッグフードオンリーの生活というのはどうなのか？　というのが井上の正直な気持ちだった。

パピー用のドッグフードで育った福太郎の食生活が少しずつ変わっていったのは、成犬になって身体が出来上がってきた頃のことだった。きっかけは美津子が読んだ『ドイツの犬はなぜ幸せか　犬の権利、人の義務』という本だ。

犬のしつけは厳しくする一方で、印象的だったのは日常のほのぼのとしたエピソードだった。たとえば飼い主と一緒にビアガーデンを訪れてソーセージをつまんだり、家族のトマトソースパスタをお裾分けしてもらったり……。

社会的なマナーをきちんと守れる犬たちが、ユルいムードのなかで楽しい日々を送っていることに感動した。

そして福太郎は、呼び戻しがきくなど飼い主の声に注目する能力が高く、近所の犬仲間のあいだで「おりこうさん」とほめられることがダントツに多かった。今になってユルいルールにしたところで、何か深刻な問題がおこるとは考えられなかった。

犬に与えてはいけない食材は、タマネギや長ネギ、ニンニクなどのネギ類、イカやタコといった一部の魚介類、チョコレート、レーズン、アボカド、キノコ類など繊維質の多すぎる野菜、鶏の骨など内臓を傷つける恐れのあるもの、塩分、糖分、刺激物、過剰な脂肪分などだ。

つまりこれらを避けて食材を組み合わせれば、愛犬の手作りゴハンはさほど難しくないはず。そう考えた美津子が試しに作ってみたところ、福太郎は大喜びで完食した。いつもと違うものを食べても胃腸の調子は変わらず、しかもドッグフードを与えていたときとくらべてあきらかにワクワクした顔をした。

さらに福太郎が嬉しそうな顔をするのは、飼い主と一緒に食卓を囲むときだ。しかし世間では、それは〝ダメ飼い主〟の行為のひとつになっている。だから雑誌などの情報発信の場では、禁止事項としてしか取り扱われることはない。

だが実際に愛犬生活を振り返れば、井上にとって福太郎との晩酌は至福の時間であり、明日への活力といっても大げさではない。そしておそらく、それは多くの飼い主にとっても同じはずだ。

本当は誰もがやっているのに、公の場では「やっていない」という。リアルで楽しい愛犬ライフを追求しているのに、それを隠すのってちょっとおかしいのではないか？井上のなかで、そんなモヤモヤとした気持ちが大きくなっていった。

クレームも勲章という考えは、創刊当時からまったく変わっていない。だが世間の反応は、しだいに堅苦しい方向へと突き進んでいるように思えてならなかった。

たとえば井上にとって、福太郎のムチムチした身体は最高のチャームポイントだ。かわいいし、触っていると本当に気持ちいい。つい枕代わりにしたくなってしまうのは、飼い主にとってごく普通の欲求だろう。

しかし、そんなことを公言しようものなら「それは虐待です！　今の時流としてはこうあるべきです！」と、バッシングの対象にされてしまう。気づけば世の中にはかなり神経質な空気が広がっていて、その風潮に井上は少々ウンザリしていた。

「とにかく最近、なんだか窮屈すぎるんだよ！」

下品で少々乱暴だけれど、自由と笑いのなかにある愛犬と飼い主のハッピーな日々を追求することこそ『Shi-Ba』の世界だ。クレームやバッシングを恐れて、その本質を見失うことだけはしたくない。

「よし、次の特集は〈我が家の食卓〉だ！」

読者の愛犬たちは、飼い主の食事中にどんな反応をしているのか。そして飼い主たちがどんな対応をしているか？　これは〈犬生最大のイベントは夕暮れと共にやってくる！〉をテーマにした、幸せリアルリポートだ。

実際に取材してみると、その状況は井上にとって期待以上のものだった。四つの家庭のテーブルに並ぶのは、豚しゃぶ、焼き魚、目玉焼き、漬け物、豆腐のみそ汁、納豆、奴豆腐（やっこどうふ）、パスタ、サラダ、唐揚げ、いなり寿司（ずし）、ソーセージなどバラエティ豊かなメニューの数々だ。

それらを前に読者の愛犬たちは、強烈な眼力と集中力、かわいいアピールなど、あの手この手で飼い主のおかずをゲットする日々を送っていた。犬専用の皿にお裾分けをもらう犬、遠吠えBGMで努力を欠かさない犬、慌てず騒がず目当てのものが飼い主の皿からこぼれるのを待つクールな犬、飼い主と一緒におとなしく座っているテーブルマナーのいい犬――。それぞれに個性あふれる食事風景が展開されていた。

しかし、許可なく飼い主の皿に突進する犬はいなかった。飼い主たちも「犬の食べられるものだけ」「あげるのは人間の食事の後」など、家庭ごとにルールをつくっていた。

とはいえスタッフが撮影に訪れているときは、読者と愛犬のあいだにもイベント感が漂う。

「よーし、今日は特別だ！」

飼い主が箸でつまんだ唐揚げが、愛犬の口へと一直線に運ばれていった。キツネ色の塊に迷いなく口を開けた瞬間の柴犬の喜びが、井上にも手にとるように伝わってきた。

これは嬉しい！　犬にとっては間違いなく嬉しいぞ……！

だがそれ以上に印象深かったのは、飼い主たちが犬以上に喜んでいることだ。犬が嬉しいと、飼い主はもっと嬉しい。窮屈なムードを蹴飛ばすように出した企画によって、井上はあらためて愛犬家の原点に触れたのだった。

ライターAのまとめ
あげなのいはキミの健康のタメ！
でも視線がツライ……
犬には犬の飯があり、
人には人の飯がある。
でも普段はなかなか貰えない
人の食べてるモノって、
犬的には魅力なんだよね〜
おっ、今夜はカラアゲっすね。
ギトついた油の芳香が、
メタボな感じでいいわぁ。
お願いだから、
それ、少しちょーだい！
家族の食事時の柴犬の様子は？
我が家の食卓

『Shi-Ba』42号

第十四話　インターネットと大災害

打ち合わせの席で、井上はすっかり言葉を失っていた。

「編集長、まずは編集部全体のことを一番に考えてください。すべてはそこからです」

諭すように井上に語りかけるのは、辰巳出版のWEB専門の技術スタッフだ。

『Shi-Ba』公式ホームページの開設に向けたプロジェクトが動き出したのは、平成二十一（二〇〇九）年になってまもなくのことだった。かつて井上が所属していたパチンコ雑誌をはじめ、すでに社内には積極的にインターネットからアプローチをおこなうセクションがあった。

愛犬情報誌でもそろそろやらないとな……と井上は考えたのだ。しかし、はじめてみれば悪戦苦闘の連続だ。なにしろ技術スタッフが何を言っているのか、サッパリ理解できない。

「ふーん、なるほど、そうですよね。あははー！」

かろうじて相づちは打つものの、専門用語が飛び交うばかりで話についていけない。

そして肝心のコンテンツ案においては、犬バカ魂が暴走した。井上が提案したのは

〈スタッフ犬一号初ヌードカレンダー〉や〈もっと！　ぽっちゃり系になるためのレッスン〉、そして〈一号のラブラブ肉声着メロ〉など、思いつくのはスタッフ犬一号、つまり福太郎を主役にしたものばかりだった。それを聞いた技術スタッフは困惑を隠せないまま、公式ホームページの役割といった基本的なことについてあらためて説明しなければならなかった。

このままではマズイ……。

そう考えた井上はあえて自らを追い込むため、編集後記に『Shi-Ba』公式サイトが準備中であることを明記した。しかし、それでもうまくいかなかった。これが仕事ということは、井上も重々承知している。編集長たるもの、常に客観的であらねばとも思っている。しかし、愛犬がからむとつい我を忘れてしまうのだ。

「福ちゃ〜ん、もう、まいっちゃうよー」

たまらず愚痴るものの、福太郎の瞳は静かなままだった。

父ちゃんが挫折するほうに、千点……。

ふと井上は、福太郎に心の内を見透かされているような気分になった。確かにこの仕事、やらずにすむのならどんなに楽だろう。

「だいたいさー、俺みたいな現代テクノロジーからもっとも遠いアナログ人間に、こんな仕事ムリなんだよ！」

そう言って遠い目をする井上の自己評価は、あながち間違ってはいなかった。業種にかかわらず、インターネットでの情報発信はいまやビジネスの世界では必須事項といっていい。たとえ紙媒体の仕事といえどもそれは例外ではない。しかしこのとき『Shi-Ba』編集部は、いわゆる現代テクノロジーの基準から大幅に出遅れているといってもよかった。

そして結果として、福太郎、もとい井上の予想は的中した。『Shi-Ba』編集部は専用公式サイトの開設には至らず、そのかわり更新が手軽にできる公式ブログを運営するということでなんとかインターネット対応をしていくことになったのだ。

＊

日本でブログが登場しはじめたのは、井上がWEB専門用語に首をかしげていたこのときからさかのぼること五年ほどの平成十六（二〇〇四）年頃のことだ。それからほどなく書籍化されるものも出現しはじめ、やがて人気ブログのチェックは出版関係者のあいだで、新刊書籍の企画探しの定番となった。

なかでも〝犬モノ〟は人気ジャンルのひとつで、熱狂的なファンを集めるスター犬を生んだブログも少なくない。その元祖のひとつが『富士丸（ふじまる）な日々』だ。これは現在、愛犬ライフがテーマのエッセイなどで知られる、文筆家の穴澤賢（あなざわまさる）が運営していたブログだった。

富士丸は、あるブリーダーが〝コリーが柵をぶち破ってハスキーを孕ませてしまった〟という事情から譲渡先を探していたところ、穴澤が出会い引き取った犬だ。

ブログを開始したのは、富士丸と暮らしはじめて二年ほどした平成十七（二〇〇五）年の夏のことだった。渋谷区の1DKのマンションでの、三十代なかばの独身男とインパクトのある容姿の大型犬の暮らしをつづる内容で、スタイリッシュな写真とユーモア漂う文章で紹介するブログは、開始からまもなくめきめきとアクセス数を増やし、ペットブログランキング部門で一位を獲得した。

開始から半年ほどで複数の出版社から書籍化のオファーを受けるようになり、翌年の春には『富士丸な日々』というブログと同じタイトルの単行本が全国の書店に並べられることになったのだ。

ブログの書籍化は、穴澤の人生を大きく変えた。もともとは長らく音楽の道をめざしていたがかなわず、複数の仕事を経た後、知人の紹介でライター業をはじめていたところだった。

本人曰く単行本の売り上げはたいしたことはなかったが、やがて仕事の依頼が順調に増えていき別の出版社からエッセイ集、対談集が出版されるなど、文筆家としての地位を築いていったのだ。

書いている。
穴澤は自著『またね、富士丸。』のなかで、そのときのことについて、つぎのように

それはほとんど富士丸のおかげだった。いうなれば、自分ちの犬が飯の種だったわけだ。何もなかった俺を、富士丸がここまで連れてきてくれたんだという思いだった。あいつには、どれだけ救われたかわからない。

穴澤にとって富士丸は恩人であり、苦楽をともにしてきた相棒であり、大切な息子だった。書籍化された後もブログ『富士丸な日々』は定期的に更新を続け、読者は増え続けていった。

だが〝ひとりと一匹〟の生活は、突然幕を閉じることになる。平成二十一（二〇〇九）年十月一日夜、仕事で外出した穴澤が帰宅すると、富士丸はすでに事切れていた。年齢は七歳。大型犬といえども高齢と呼ぶにはまだ早く、毎年の健康診断も問題なし。なにしろ家を空けるわずか五時間前まで元気いっぱいで、普段と何ら変わったことはなかったのだ。

あまりに突然のことに、飼い主が事実をうけとめられなかったのは言うまでもない。その日から穴澤は、七日間の連続飲酒のなかで酩酊（めいてい）の日々をおくった。ようやく再生へ

係者の一歩を踏み出すことができたのは、友人や知人、富士丸を通じて親しくなった仕事関係者のおかげだった。

詳細は同書に詳しく書かれているが、そのなかに富士丸の死をファンに公表する準備を進める場面がある。愛犬を失ったショックで酒に溺れる穴澤に「物書きなら、自分の言葉で事実を伝えろ！」と迫ったのは、無名時代から穴澤をサポートしてきた犬好きのベテラン編集者たちだ。

それはブログを通じて穴澤と富士丸のファンになった、読者の心情を考慮したものだった。これまでブログが一週間も更新されないことはなく、さすがに何かあったのではと読者が騒ぎはじめていて、事実を隠しておくのはすでに限界だった。

どこからか漏れた情報を聞いてファンをがっかりさせる前に、飼い主である穴澤からきちんと報告したほうがいい、というのが関係者の一致した意見だった。

まるで業界の大物にまつわるエピソードのようだが、あながち大げさともいえなかった。富士丸の死をブログで公表すると、読者からの反響が一気に押し寄せた。まもなくコメントはサーバー上限の三千に達した。それではおさまりそうにないと判断して、穴澤が連載していた企業のサイトに特設ページを設けたが、そこにも四千近くのメッセージが寄せられた。皆、富士丸の突然の死を嘆き悲しんでいた。

その翌月、十一月二十二日に〈おくる会〉が開催されたのは、富士丸の死を悼む人々のためにも、お別れの場が必要なのではないかという声が関係者のあいだからあがったからだ。

場所は井の頭恩賜公園の野外ステージ。参列者が何人になるのか予想もつかないまま、当日の朝、穴澤は富士丸の遺骨を抱いて現地に赴いた。予定時刻の少し前から人が集まりだし、開始時間の午前十一時にはステージのまわりに黒山の人だかりができた。ステージの上には企業が提供した生前の富士丸の写真パネルが展示され、参列者はそれらを壇上で眺めた後、舞台袖の遺骨と遺影の前を通って、座っている穴澤に挨拶をするという流れになった。富士丸の遺影の前では多くの人が号泣し、泣き崩れる参列者も少なくなかった。

現在、新刊ノンフィクション紹介サイト『HONZ』の副代表で書評家の東えりかは、この会にスタッフのひとりとして参加していた。

犬好きの東は生前の富士丸をかわいがり、仕事の面でも穴澤をサポートしていたのだ。会の開催にあたり、関係者のあいだでは参列者の数は四百人を超えるのではないかと言われていた。富士丸のファンのひとりでもあった東は、参列者は七百人近くになるのではと考えていた。だが実際の参列者数は、それをもはるかに超えていた。

誰にとっても予想外だったのは、会場の野外ステージに富士丸に手向ける花やプレゼントがひっきりなしに届けられたことだ。「こんなことは初めて。何の催しですか？」

と各社の宅配ドライバーを驚かせたという。

午後三時、〈おくる会〉は穴澤の挨拶で終了した。受付を設けなかったため正確な数は不明だが、記念に配付したポストカードの数から概算すると参列者は千二百人を超えていた。

インターネットの世界から誕生して人々を熱狂させた富士丸は、平成の時代らしいスター犬の一頭と呼ぶにふさわしい存在といえるだろう。

＊

最近の福ちゃんは、ずいぶん眠りが深くなっている。

井上がそう感じたのは、福太郎が十二歳の誕生日をむかえた頃のことだ。かつては〝走れるデブ〟の異名をとったが、気がつけばボールを追って激しく飛び回ることもなくなって久しい。穏やかという表現を使えば聞こえはいいが、なんとなく覇気がなくなったように感じてしまい、飼い主としては複雑な心境になるのだった。

しかし、そんな日々に思いがけず転機が訪れた。いつもと同じように、穏やかな眠りを愉しんでいた福太郎は、ふと異変を感じたように目を開いた。背中に乗っているのは、福太郎よりもはるかに小さな動物だ。

ミャ〜！　その瞬間、福太郎の目が驚きのあまりみるみる大きくなった。な、なんだ、コイツー!?

そう言わんばかりの表情の福太郎が「ウガッ」と短く声をあげると、二匹の子猫は背中から転げ落ちるようにして部屋の隅へと逃げていった。

「福ちゃん、そこまで驚くか～？」

「今の顔、最高～！」

井上と妻の美津子は大笑いしながらも、すかさず子猫たちの無事を確かめた。ひとまず怪我もなくホッとしたが、やはり目を離すのは難しそうだ。

「子猫相手に、そんなに怒るなよ」

「福ちゃんは、自分のテリトリーを守りたいのよ」

妻の言葉に同意しながら、でもなあ……と井上は思った。なにしろ二匹の子猫がこの家にやってきたのは、福太郎がきっかけでもあるのだ。

久しぶりの休みに家族でドライブに出かけたのは、ある秋の日のことだ。行き先は、福太郎が大好きな海だ。到着してさっそく海岸をめざして歩いていたら、一匹の子猫があらわれた。妙に人懐っこく、いつまでも福太郎の後をついて歩いてくる。

しかし福太郎にとって、猫はフレンドリーな対象とはいいがたい。近づきすぎたら何があるかわからないので、井上は子猫を追い払った。だが子猫はまったくへこたれなかった。その様子に福太郎も好奇心を刺激されたのか、自分から近づいていこうとする。

福ちゃんがこんなふうにするなんて、めずらしいな。そう思ったものの、子猫に取り返しのつかないことがあったらマズイ。井上は心を鬼にして子猫をやり過ごし、その後は海岸で遊んでから食事に行った。

そろそろ帰ろうと井上が車を発進させてまもなく、口を開いたのは助手席に座る美津子だった。

「なんだか、あのコが気になって仕方ないよ。うちで飼おう。もう一回、海岸に戻って！」

「飼うって、福ちゃんとうまくやれるはずないだろう！」

予想もしていなかった妻の言葉に、井上は仰天した。福太郎のことをあれほど理解しているはずなのに、いったい何を考えているのだ。不可能に決まっている、あり得ない。そうくりかえしたが、しかし美津子は引き下がろうとしなかった。

「お願い！　いなかったら諦めるから」

根負けした井上は、渋々海岸へと引き返した。これまでずっと福太郎は〝ひとりっ子〟としてやってきた。甘えん坊でテリトリー意識の強い柴犬として生きてきて、しかも高齢の域に入っている。新参者を受け入れるなんて、できるわけがない。

これまで『Shi-Ba』の特集で、犬や猫を複数で飼育する家庭をいくつも取材してきた。平穏に暮らすためには、先住犬の気質や動物どうしの相性などクリアすべき問題があまりに多い。

無理だ、絶対に無理だよ。頼むから、いなくなっていてくれ……！

ハンドルを握る井上は、祈るような気持ちで海岸をめざした。そしてもとの場所へと戻ったとき、予想外のことがおこった。

「二匹になってる！」

茂みからあらわれたのは、さっきよりやや小さな猫だった。どうやら二匹は兄妹のようだ。兄猫は妹をかばうようにしながら、決意を固めた様子で歩み寄ってきた。

僕行くところがないんです。妹もいるんです。だから、お願いします！　お願いします……！　そんなはずはないのだが、井上の耳には兄猫の訴える声が聞こえてきたような気がした。こんな状況で、どちらか一匹など選べるはずもなかった。

子猫は、雄が福次郎（ふくじろう）、雌が幸子（さちこ）と名付けられた。井上家の長男・福太郎にちなんだ幸福シリーズだ。しかし、福ちゃんとうまくやっていけるのだろうか……？

井上の心配は、ある意味で予想通りになった。猫たちが一定以上近づくと、福太郎は「寄るんじゃねえ」と警告を発した。しかし、子猫たちはまったくのお構いなしだ。妹の幸子はある程度の分別によって危険を回避していたが、福次郎は好奇心旺盛なやんちゃな性格で、福太郎に何度叱られても遊ぼうとした。

井上は気が気ではなかった。うっかり目を離して事故でもおこったら大変なので、一

左：福次郎　右：幸子

福太郎・幸子・福次郎
（提供：上下とも井上祐彦）

階のリビングと和室は福太郎のエリアにして、猫たちは主に二階で過ごさせるようにした。しかし、猫たちは飼い主の目を盗んですぐにリビングに入ってきてしまう。さらに福太郎のゴハンやおやつにも興味津々で、そうなると福太郎もおちおち寝入ってばかりもいられない。小さな新参者たちによって、福太郎の静かな老犬ライフは完全に崩壊した。

だがそれは、悪いことばかりではなかった。

「最近の福ちゃん、前よりも動きがキビキビしてるかも」

美津子が指摘するように、福太郎は以前よりもリアクションが大きく活動的になった。一日の大半を寝て過ごしていたときとくらべると、目に輝きが増して顔つきもどことなく凛としている。

これはあきらかに福次郎と幸子の影響だった。黙っていたらテリトリーを荒らされ、ゴハンを横取りされ、おまけに背中をベッドがわりにされてしまう。緊張感を持って生活しなければならない環境が、高齢の福太郎には良い刺激になったようだ。

猫たちと暮らす前は考えもしなかったことで、これは井上にとっても嬉しい誤算だった。あとは福太郎が、もう少しだけ猫たちに寛容になってくれればいいのだが……。

三頭が一緒にスヤスヤと眠っているシーンが見られたらどんなに幸せかとふと考えてみるが、さすがにそれは贅沢(ぜいたく)というものだろう。飼い主としては、彼らにとってできるだけ居心地の良い環境を整えて、やがてそんな光景が当たり前になればと想像を膨らませるのだった。

福太郎は、ますます活動的になっていった。

その日は午後の早い時間から、外に出たいと主張した。エネルギーが余っていた若い頃はよくあることだったが、ここ数年はそんなこともめずらしい。平日の昼間で、自宅にいたのは美津子だけだった。

近所をひとまわりすればすぐに満足するだろう。そう思って外に連れ出すと、福太郎はゆっくりとしたテンポながらズンズンと歩みを進めていった。朝と夕方に歩くいつものコースからはいつのまにか外れ、それでも歩き続けた。すでにいつもの倍以上の時間が経っていたが、福太郎はよほど気分がいいのか、疲れた様子もなくしっかりした足取りは変わらなかった。

そんな調子で三十分以上が過ぎ、到着したのは、お馴染みの公園だった。ここは福太郎が大好きなボール遊びを楽しんだ場所だ。だが高齢による体力の衰えとともに足が遠のき、今は井上が休みの日にたまに車で連れてくる程度になっていた。

「福ちゃん、ずいぶん歩いたねー！」

愛犬に声をかけながら、美津子は公園内の広場に足を向けた。飼い主にとっても、これほど長い距離を歩くのは久しぶりのことだった。

ふと足元に視線を落とした瞬間、地面がグラリと傾いたような気がした。目眩だろうか？　思わずしゃがみこみそうになったが、何かがおかしかった。風が吹いているわけでもないのに、公園内の木々の枝がザワザワと揺れだした。

「地震！」

「地震だ！」

公園内のあちこちから、悲鳴にも似た声があがった。木の枝はさらにユッサユッサと左右に大きく振られ、それはいつまで経ってもおさまらなかった。

平成二十三（二〇一一）年三月十一日、午後二時四十六分、東日本大震災発生――。

福太郎に導かれるようにしてやってきた公園が、地域の指定緊急避難場所だと美津子が気づいたのは、もう少し後のことだった。

＊

東日本大震災は、日本の戦後史上もっとも大規模な災害だ。

震源地の東北地方太平洋沖ではマグニチュード９・０を記録。これは日本周辺での観測史上最大級で、その影響で岩手県、宮城県、福島県などで震度七から震度六弱の大地震が発生した。被害は、その後に発生した津波によって大幅に拡大。東北地方の太平洋沿岸地域は壊滅的な打撃を受け、死者一万五千人以上、行方不明者約三千人と多数の犠牲者を出した。

さらに被害を深刻化、長期化させたのは、東京電力福島第一原子力発電所の事故だった。地震と津波の影響により全電源が喪失。原子炉冷却機能を完全に失い原子炉内が空焚き状態となり、その結果メルトダウンがおこったのだ。この事故は、国際原子力・放射線事象評価尺度で最悪のレベル7＝深刻な事故と評価された。

こうして地震と津波、原子力発電所事故によって多くの人が被災した。それと同時に、人間と暮らす動物たちもまた数多く犠牲になった。

それはどのくらいの数だったのか？　環境省がまとめた資料では、死亡した犬は、青森県で少なくとも三十一頭、岩手県六百二頭、福島県が約二千五百頭となっている。だが災害規模と現地の混乱状況を考えると、この数は全体のごく一部と推測するのが自然だろう。実際に被災地を訪れてみると、飼い主と犬の両方が津波の犠牲になったり、はぐれたまま再会できないケースを耳にすることがあまりに多いからだ。さらに犬以外のペット動物については概算もできない状態だ。

宮城県仙台市の動物管理センターには、震災発生直後から多数のペット失踪届が提出された。だが無事に発見・保護されて飼い主のもとへ戻った犬や猫はごくわずかだった。被災エリアを放浪していて保護された動物もいたが、飼い主と再会できるケースは数えるほど。失踪・保護場所のほとんどは、市内でも特に津波の被害が激しかった若林区と宮城野区だったのだ。

福島では地震発生の翌日、十二日の午前五時四十四分には、福島第一原子力発電所から半径十キロ圏内に避難指示が出ていた。さらに午後三時三十六分、水素爆発により一号機の原子炉建屋が大破して、大量の放射性物質が大気中に放出された。それにより同日午後六時二十五分、避難指示エリアは半径二十キロ圏内と大幅に拡大され、多くの人が先の見えない避難生活へと突入した。

しかし、この時点で住民が自治体担当者から受けた説明は「一日か二日で帰れる」というものだった。事故の詳細が公式に発表されていなかったこともあり、そのため多くの人は犬や猫などの動物を自宅に置いたまま避難したのだ。

しかし、避難生活は一向に終わらず、約一か月後には半径二十キロ圏内が警戒区域に設定され、帰宅の目処さえたたなくなる。だが十二日の夕方の時点で、そのことを予測できた人はほとんどいなかった。

こうして福島の被災地に多くの動物が取り残されることになり、やがてそれは大きな社会問題となっていったのだ。

想定外という言葉でしか表現できない大災害は、この国で暮らす人々の生活に莫大(ばくだい)な損失を与えた。災害発生から十年を経ても、いずれの地域も完全復興への道は遠く、とりわけ福島の災害は復興にはほど遠い。

しかし、なかには災害をきっかけに好転したこともある。それは動物の幸せを考え尊厳を守る行為が、世間から注目され社会的な活動として認められるようになったことだ。

これまでも書いたように、平成の日本にはすでに多くの〝犬バカ〟が存在していた。だが飼い主たちの主な関心は、自分や友人の愛犬といった限られたものだった。

幸せな飼い犬と暮らす人々が出会う犬の多くは、幸せな飼い犬だ。だがその世界の外には、身勝手な人間によって居場所をなくし保健所などで殺処分される犬もいた。そうした事実は、震災以前からインターネットなどで伝えられていたが、殺処分の問題はあまりに規模が大きく闇も深い。

ひとりの飼い主にできることは限られるし、辛く恐ろしい事実を知ることは犬好きであればなおさら躊躇してしまう。こうして多くの飼い主は、動物愛護の世界とは距離を取った日常をおくっていたのだ。

そして世間一般の人々が抱く動物愛護団体のイメージも、現在とはかなり違うものだった。かつて日本のマスコミが報道する動物愛護団体に関わるニュースといえば、海外の有名組織による過激な行為をはじめ、トラブルがらみのネガティブな内容が中心だ。

震災以前は、平成二十一（二〇〇九）年に熊本市動物愛護センターで殺処分をほぼゼロにした取り組みがニュース番組の特集として全国放送されるといった一部の事例を除けば、真っ当な動物レスキューの現場が幅広く報道で紹介される機会は限られていた。そのため動物愛護活動に対して、近づき難いイメージを抱かれるケースが多かったのだ。だがその状況は、東日本大震災の発生によって大きく変わった。

被災したのは人間だけではない、災害によって犬や猫などの動物たちもまた困難な状況のなかにいる――。

このことに多くの日本人が気づいたのは、震災発生からまもなくのことだ。新聞やテレビ、雑誌などのメディアが深刻な災害状況を伝えるかたわらで、被災ペットの現実を次々と報道しはじめたのだ。

運良く津波を逃れた犬や猫が保護されても、彼らには帰る家も迎えに来てくれる飼い主もいない。飼い主とともに生きのびても、ペットが一緒に避難できる場所がない。その一方で、浮遊物に乗って海を漂流していたところを救出された犬が、飼い主と奇跡の再会を果たしたニュースが伝えられたこともあった。

連日報道されるニュースは、地震大国で暮らす者にとって他人事(ひとごと)ではなかった。こうして多くの飼い主のなかに芽生えたのが〝不幸な犬や猫のために何かしたい〟というこれまでにない発想だったのだ。

被災ペットの情報は、ブログやＳＮＳでも精力的にやりとりされた。特に多くの人をどよめかせたのは、二十キロ圏内避難指示によって無人になった町に置き去りにされた福島の動物たちが直面した現実だった。

初期の発信者は、取材で現地に入ったジャーナリストやカメラマンなどだ。飢えと渇きに苦しむ犬たちは、見知らぬ人間に救助を求めて近づいてきた。差し出された水や食べ物を夢中で口にして、なかには「連れていってくれ」と言わんばかりに自分から車に乗りこんでくる犬もいたと伝えられた。

さらに移動が困難な家畜は、もっと深刻な事態に陥っていた。

その情報を知って動物レスキュー活動を開始したのは、首都圏をはじめ全国各地から集まった動物愛護ボランティアだった。震災以前から活動している者もいたが、動物愛護についてまったくの未経験者もめずらしくなかった。

彼らは車に大量のフードや水、空のケージやキャリーケースを積み、余震と放射性物質の危険にさらされながらレスキュー活動をおこなった。こうして保護された犬や猫などの動物は、数えきれない数にのぼった。

しかし避難指示から一か月近く経つと、鎖につながれたままやせ細り息絶えている犬が発見されるケースも増えていったのだ。

こうした情報がＳＮＳなどを通じて拡散されることによって、レスキュー活動をおこなう団体や個人はさらに増えていった。しかし、実際に行動をおこすためには様々な条件や経験が必要だ。被災動物に関心を持つ多くの人々にとってもっとも現実的なのは、寄付によって活動をサポートする方法だった。

このとき寄付の窓口になったもっとも大きな組織が、全国緊急災害時動物救援本部（後の一般財団法人ペット災害対策推進協会。二〇一九年末解散）だ。これは日本獣医師会、日本動物愛護協会、日本動物福祉協会、日本愛玩動物協会の四つの団体によって運営される組織だ。

いずれも日本政府が認める公益社団法人及び公益財団法人という安心感から多くの義援金が集まり、その総額は七億二千五百八十三万円にものぼった。動物レスキューを目的にこれほど多額の寄付が短期的に集まったのは、おそらく日本初のことだ。

保護された犬や猫に新しい飼い主を探す方法に〝譲渡会〟というシステムがある。これが世間一般に広く知られるようになったのも、この震災がきっかけだ。譲渡会の開催情報、また譲渡会を経て出会った犬や猫と暮らす人々を取材したものが、新聞やテレビ、雑誌などで報道された影響力は絶大だった。

さらにインターネットでは飼い主を募集する動物の詳しい情報が拡散され、それらは多くの人が保護犬・猫と一緒に暮らすきっかけにつながったのだ。

災害が発生した当時、ペットは家族の一員という意識は都市部を中心に全国の飼い主のあいだにかなり浸透している状況だった。それは緊急災害時でも同様で、たとえば仙台市では、同市動物管理センター（現・アニパル仙台）を中心に市民に向けてペット同行避難を呼びかけ、避難所の運営やペット用の物資の備蓄などの災害対策を進めているところだった。しかし東日本大震災は対策が整うよりも早く発生し、そのうえ被害は想像をはるかに超えた規模となってしまった。

こうした経験をふまえて現在、環境省をはじめ全国自治体では災害時のペット同行避難の推進強化がなされている。万が一のときに飼い主がペットを連れて逃げることは、今や義務のひとつなのだ。

もちろん緊急時は人命優先という前提はあるが、ペットを救うことは結果的に飼い主を避難生活の疲弊から守る効果があるといわれている。

消防隊や自衛隊からは、災害時に飼い主が自分のペットを管理することによって、むしろ人間の救助活動が迅速におこなえるという声もある。また福島県で多くの動物が置き去りにされたことについては、命に対する道義的問題とともに、行政主体でおこなった動物保護活動に莫大な時間と労力、資金が費やされたことも指摘され、それが教訓にもなっている。

災害大国の日本では今、緊急時のペット対策は大きな課題のひとつになっている。避難所でのペットの受け入れをどうするのか、その方針や具体的な対応内容については運営にあたる市町村によってかなり差があるのが実情だ。とはいえ犬をはじめ、ペットと暮らす日本人の災害対策意識は、東日本大震災の経験を経てあきらかに強化された。平成二十八（二〇一六）年四月に発生した熊本地震では、多くの飼い主がペットを自宅に置き去りにしない同行避難を実施したといわれている。

第十五話　シーバ、炎上

井上家では、福太郎と猫たちとの攻防があいかわらず続いていた。

特に兄猫の福次郎は成長するとともにますます行動が大胆になり、福太郎のテリトリーにズカズカと入りこんでちょっかいを出した。そのたびに福太郎は眼光鋭く福次郎を睨（にら）みつけ、時には「カッ」と牙を見せて威嚇した。

老犬生活に予想外に張り合いが出たのは良いのだが、それが度を超してストレスにならないか、井上はちょっと心配になってしまうのだった。

ふと見ると、福次郎の様子がおかしい。肢をひきずりながら歩いていて、どうやら堪忍袋の緒がきれた福太郎が見舞った鉄拳がヒットしてしまったようだ。あわてて病院に連れていくと、なんと右前肢の骨にヒビがはいっているという。

「うう〜、福次郎、ゴメンな」

気をつけていたものの、恐れていたことがおこってしまった。愛猫の痛々しい姿に井上は猛反省した。

しかし、当の福次郎はギプスをつけたまま平気で家中を走り回り、そのせいでいつまで経っても怪我が完治しない。仕方がないので個室に隔離して安静を確保することにしたのだが、今度は寂しいのかミャーミャーと鳴き続け、ドアを挟んで妹の幸子も激しく反応した。

海岸で保護した福次郎と幸子は、家に来てからも片時も離れようとせず、おそらく二匹が別室になったのはこのときが初めてなのだろう。だが一緒にすれば、また遊びまわってしまう。こうして猫たちの声が家中に響きわたり続けると、福太郎もピリピリした様子で昼寝どころではなさそうだ。

まったく、どうしたらいいいんだ……。初めての多頭飼育ライフで悩みはつきなかったが、それでも井上はこの日常をありがたいと感じていた。

あたりまえだと思っていた平和な生活が一瞬にして崩壊する——。東日本大震災という厳しい現実の前で日本人の多くが抱いた無力感は、井上にとってもまた例外ではなかった。

災害が発生したのは、三月末に発売予定の『Shi-Ba』五月号がほぼ校了したときだった。災害にまきこまれた場所には、多くの読者と愛犬たちが暮らしている。

この号については、被災地になった宮城県仙台市で二月に複数の取材をしたばかりだった。幸い災害発生から数日以内に、撮影に協力してくれたすべての飼い主と犬の無事は確認できた。だがあの状況のなかで物理的、精神的にこれまでとまったく同じ暮らしができる人などいるはずもない。大げさではなく、あの日を境に世界が変わってしまったといってもよかった。

井上は悩んだ末、あえてすべての記事を修正・加筆することなく掲載することにした。「普段の犬生活をそのまま紹介する」というのが、これまでずっと守り続けてきた『Shi-Ba』の編集方針だ。震災以前の日常を伝えることもまた、被災地のことを知らせることにつながるはずと考えた。

そして何より感じたのは、こんなときだからこそ愛犬との時間を大切にしたいということだった。

どんなときでも、愛犬は我々人間に笑顔と安らぎを与えてくれる。そんな日常こそ尊いものなのだと確信した今、これまで続けてきた愛情深くもバカバカしい笑いとユーモアあふれるページ、そして時にはくだらない、下品と批判を浴びた数々の記事にこそ意味があるのではないかという想いは一層強くなった。

飼い主にとって、愛犬の存在はいつだってゆるぎない。おかげで「よし！　散歩でも行くか」と、今までどおり歩き続けようという気持ちになれる。

これまで以上に愛と笑いにあふれた愛犬雑誌をつくろう。それがきっとこの世の中で『Shi-Ba』にできることなのだ、と井上は思った。

＊

編集スタッフの金子志緒は、パソコンの検索サイトにキーワードを打ち込んだ。その結果からひとつを選んでスクロールしていくと、やがて画面には初めて目にする写真があらわれた。

これが、噂に聞くアレなのか……。

金子は、しばし画面を凝視した。だが何がどうなっているのか、容易には仕組みがわからない。実際に自分でやってみるとなると、かなり難しそうだ。

部屋の隅では、愛犬のジュウザが専用ベッドで寝息をたてていた。ジュウザは七歳になる雄の甲斐犬で、赤虎と呼ばれる黒と赤茶の縞模様(しまもよう)の艶やかな被毛が、呼吸に合わせて静かに上下している。

金子は再びパソコンの画面に映し出された画像に目をやった。添えられているのは〝亀甲縛り〟の文字だ。ジュウザの毛色に映えるのは、断然赤い縄だろう。その場面を想像すると金子は、自然と笑いがこみあげてくるのだった。

いくつかの職場を経て、金子が『Shi-Ba』編集部で働くようになったのは、戌年の平成十八（二〇〇六）年を迎える少し前のことだ。都内のマンションで単身、甲斐犬を飼う女性はそう多くはいない。

ジュウザと暮らすきっかけは、横浜市内の実家を出るにあたり、番犬の役目も果たしてくれそうな頼もしい犬と一緒に暮らしたいと思ったからだ。家族も犬好きで、金子は特に日本犬が好み。そして漫画『北斗の拳』の大ファンでもあった。ようやく迎えた愛犬の名前を一番好きなキャラクターと同名にしたのは、本人にとってごく自然なことだった。

甲斐犬の雄は、成犬になれば体重十四、五キロ、個体によっては十八キロ以上で、体格もパワーもかなりのものになる。そのため金子は、ジュウザの子犬時代からしつけのプロのもとに通って様々なアドバイスを受けた。

「オスワリ」や「フセ」は愛犬に指示を出すコマンドの基本だが、別の言葉でも統一して使えば問題はないと聞き、「あべし」「ひでぶ」など『北斗の拳』の世界観にマッチした言葉をコマンドとして採用した。そのおかげなのかどうかは不明だが、ともかく金子とジュウザは深い信頼関係で結ばれた飼い主と愛犬になったのだった。

『Shi-Ba』編集部の一員となった金子のもとで、まもなくジュウザはスタッフ犬七号として誌面で活躍するようになった。

柴犬ばかりのなか唯一の甲斐犬ということで、最初はビジュアル的に若干浮いた雰囲気もあったが、やがてジュウザは編集部内でめきめきと存在感を示していった。それはどんな内容やシチュエーションの撮影でも、まったく動じないということだ。

スタッフ犬たちは、撮影に慣れているとはいえ当然ながら苦手なこともある。特に頭上に何かが覆い被さるような状況は、そもそも犬にとって不安が大きい。しかしジュウザは、愛犬グッズ紹介のページで登場した犬用の傘の撮影もまったく問題なくクリアした。

金子のコマンドでとる静止のポーズも得意技のひとつだ。座ったり、伏せたり、お腹を見せて転がったりといった姿勢はもちろんのこと、頭の角度や鼻先ひとつ動かさない厳密なレベルまでこなせるのは、スタッフ犬のなかでもジュウザだけだった。

＊

『Shi-Ba』編集部にとって、これまでで最大の記念号が発行されることになった。平成二十三（二〇一一）年九月号、ついに創刊から十周年を迎えることになったのだ。

世の中にはたくさんの雑誌が存在するが、その盛衰は激しい。創刊からわずか二、三号で休刊となることもめずらしくなく、読者に認知される前に消えていくもののほうが多いといってもいい。

ちなみに出版界の慣例で休刊という表現を使うが、これは事実上廃刊を意味する。そしてもし雑誌が続いたとしても、読者を満足させられる記事をつくり続ける編集の仕事は心身ともにハードで、クオリティを維持できるスタッフ集めも大変だ。そして金銭面でのやりくりも難しい。安定した運営を続けるためには広告収入が必須といわれるが、クライアントの要望に沿った誌面づくりというのは、得てして読者の評判は良くない。そうしたなか『Shi-Ba』は、創刊からこれまで〝広告は入ればラッキー〟という姿勢を貫いてきた。基本姿勢は徹底した読者ファーストで、つまりこれまで十年間同誌を支えてくれたのは、犬のことが好きで好きでたまらない全国の読者だった。

熱心な読者のなかには、新しい号が発売されるたびにすべての掲載記事を熟読して、良かったページ、凡庸（ぼんよう）なところを指摘する内容を書面にして送ってくれる人もいた。時には厳しい意見もあったが、いわれてみれば納得できる内容で、この雑誌をより良く面白くするためのエールとなっていたのだ。

そうして迎えた記念すべき十周年は、読者への感謝と恩返しのためにあるといっても大げさではなかった。これまで数々の特集を打ち出してきたが、今回はその頂点となる企画が必要だ。

井上が考えたのは〝袋とじ〟だった。

袋とじとは製本方法のひとつで、書類や書籍、雑誌のページを袋状にとじたものだ。書類の場合は差し替え防止のため、書籍や雑誌は店頭などで立ち読みができないようにする目的でこの方法が使われるが、雑誌出版の世界では、主に公の場で開くには人目をはばかられるページに採用されることが多い。

井上は日頃からあらゆるジャンルの雑誌研究に余念がなかった。そしてこの時期、いわゆるおじさん週刊誌の世界では袋とじ企画が大流行りだった。通常のグラビアよりも過激な内容でその号の目玉企画となることも多く、つまり雑誌の世界で袋とじといえば、ほぼエロと相場が決まっていた。

この企画を犬雑誌でやったらどうなるのか？　最初はそんな挑戦的な意味合いからスタートしたが、まもなく井上はハタと気がついた。そもそも犬って裸だし、これまでキンタマやコーモン特集もモザイクなしでやってたし、なんか普通だな……。

それなら、これまで十年間続いてきた『Shi-Ba』の世界観をコッテリと凝縮したページにしようと思いたった。ビジュアルは、一般的な袋とじのイメージを茶化すような、お笑い要素たっぷりなものにしよう。だが井上にとって、それはさほど重要ではなく、むしろ創刊から現在に至る『Shi-Ba』でしかあり得ないエピソードの数々を読者と一緒に振り返ることが主な狙いになった。

これまで『Shi-Ba』は前例のない企画こそ命！　というスタンスで走り続けてきた。袋とじというのは愛犬雑誌としてはおそらく世界初の試みで、読者が自ら開封作業をするという通常では味わえないワクワク感も伴う。プレゼントを開けるようなイメージも、十周年記念号の目玉企画にピッタリだった。

テーマが決まれば後は早い。

編集会議では、スタッフから次々と撮影アイデアが出た。採用されたのは、ゴージャスな白レースTバック衣装、貝殻ビキニ、乾燥昆布でモザイクを表現、エロの原点ともいえる禁断の果実とイチジクの葉、緊縛、巨乳変身グッズ、股間が際立つボンデージファッションでハードゲイの世界を表現、といったものだ。その多くは武田久美子の写真集をはじめ、かつて大ヒットしたヌード写真集、身体を張ったお笑い芸など、井上の心をとらえたものへのオマージュだった。

グラビア撮影に参加したのは、歴代のスタッフ犬たちだ。金子の愛犬で、スタッフ犬七号のジュウザももちろん参加した。テーマは緊縛だ。しかし、まさか愛犬を縛りあげるわけにはいかない。金子はインターネットで調べた亀甲縛りをあらかじめ仕上げておいて、撮影当日はジュウザが寝転ぶお腹の上で形状を整えた。するとジュウザは、まるで緊縛にあえいでいるかのように見えるのだった。

「いいね～。さすがはジュウザ！」

撮影を担当したカメラマンの佐藤は、順調にシャッターをきっていった。ジュウザが横たわる艶かしい光沢を放つ紫色のシーツが、妖しいムードを盛り上げる。しかし、当のジュウザは金子と一緒にいれば安心で、お馴染みの編集スタッフにかこまれてご機嫌だった。

「ジュウザ、えらいね！」

「おりこうだね〜！」

みんなに褒められるとジュウザはさらにリラックスして、もちろん亀甲状の縄など気にするわけもない。こうしてグラビア撮影は順調に進んでいった。

＊

一方、井上は編集長として、十年間の集大成ともいえる原稿をまとめていった。

ページのはじめを飾るのは創刊以前の話だ。もとはといえば『Shi-Ba』は、社内で苦境に陥った井上がたったひとりで立ち上げた雑誌だった。愛犬の福太郎だけを心の支えに、編集者人生の最後にせめて好きなものを思いきりつくりたい！　そんな想いをパワーに変えて社内会議を突破した秘話を披露した。

袋とじのなかには、こうしたコラムをいくつも挿入した。これまで十年間で取材した犬の総数が千五百頭を超えること、写真で見るスタッフ犬一号こと福太郎の変化の記録、『コーギースタイル』をはじめ今では五誌になっている姉妹誌のこと、編集部内の人間と犬の相関図、柴犬をテーマにした川柳〈しばせん〉誕生秘話なども紹介された。

さらに編集部の七不思議、犬の来客のみにお菓子を出す独特の習慣、今も語り継がれる伝説の撮影、犬はかわいいのに卑猥（ひわい）なムードで掲載不可になった秘蔵写真、福太郎と井上の手作りロケ弁当の中身がほぼ同じであること、編集部内の会話キーワード集、そして仕事に忙殺されているスタッフの神経を逆なでする編集長語録など……、これを熟読すれば〝アナタも『Shi-Ba』博士になれる！〟という内容だ。
そして井上がもっとも書きたかったのは、袋とじ企画の最後に掲載した〈さいごに一言。〉だった。

人間もそうだけど、犬、そして生き物に関してマニュアルなどないはず。そして飼い主さんたちの愛の形も様々。価値観も様々。だから、何を言いたいのか、何を欲しているのか、いつも相手のことを見て、聞いて、お互いを感じるようにしよう。怒るのでも、笑うのでも、かならずその犬（人）ならではの理由（正義）があるはず。だからお互いをもっとわかりあえるように努力しよう。そうすれば、自分の犬が今以上にかわいく思えてくる。「ダメ！」だと思っていた部分が「イイ！」部分に見えてくる。みんながみんな、「自分の愛犬がいちばん」だと、そう思ってくれれば、いつの日か、犬を捨てるなんて行為はなくなるはず。細かいことにこだわってばかりじゃ疲れちゃう。もっと気楽にいこうよ。下品だって乱暴だって、そこに愛があるのならそれでいいじゃん。ダメ犬万歳！　暴れん坊万歳！　ヘタレっこ万歳！　楽しければなんだってＯＫ。犬が楽しけりゃあなたも楽しい。あなたが楽しけりゃ犬も楽しい。

袋とじ企画は合計八ページ。てんこ盛りという表現が大げさではないネタと文章量の多さで、誌面はギュウギュウ詰めの状態だったが、井上は迷わずデザイナーに指示を出した。

「どんなに級数が小さくなってもいいから、全部入れて！」

級数とは、文字の大きさをあらわす出版用語だ。とにかく文字をギリギリまで小さくすることで全文掲載に至ったのだ。

＊

こうして記念すべき『Shi-Ba』創刊十周年の特別号ができあがった。

表紙モデルは読者の愛犬。バックはおめでたいイメージのゴールドでロゴは華やかな蛍光ピンクで縁どりした白抜き、キャッチコピー〈いぬさまのおかげでついに創刊10周年！〉の周辺にはキラキラとした星が無数にちりばめられるなど、いつもの数倍ゴージャスなデザインに仕上がった。これは、当時爆発的にヒットして有名になったギャル系ファッション雑誌『小悪魔ageha』へのオマージュだ。

モデル犬の右側に赤色で囲まれた〈とっても○×な袋とじ付き！〉の文字が輝いている。書店でもひときわ目立つカバーデザインだ。

さて、これまで『Shi-Ba』を応援してくれた読者は、どんな反応をするのだろうか？

そう思っていた井上への第一報は、予想外のところから届けられた。

Shi-ba（シーバ）っていう柴犬の専門雑誌がやばい件――。

それはインターネットのSNSの記事だった。袋とじ企画が話題になっていて、なんと開封されたページの多くが写真に撮られアップされていたのだ。情報はみるみる拡散され、これまで『Shi-Ba』の存在を知らなかった人々の声が集まっていった。

想像以上にコアだった／狂気の沙汰／獣姦はSMまで発展していたのか／エロ本よりエロい／卑猥だなぁ…あんないっぱい肛門載せちゃうなんて／ちょっと高度すぎてついていけない／朝一でこの本買ってくるわ

「なんだよ、これ……！」

井上は、愕然としながらパソコン画面を見つめ続けた。入魂といっても大げさではない企画が、見知らぬ人間によっていともあっさりと世間に公開されている。インターネットの世界とはいったい何なのだ？

販売物である以上は無断転載禁止が世間の常識のはずだが、それさえも守られていない。やがて閲覧者数が増えるにつれて、コメントは不穏なムードへと移行していった。

マジキチ／サイテー／いやこれ充分虐待だろ、この雑誌を買う事事態も虐待を助長してるようなもんだからな？　こんなのを見て笑える神経が理解できんわ／一柴犬好きとして嫌悪感しか抱けなかった／犬はテメーらアホ飼い主のおもちゃじゃねーんだぞ……／犬に相当ストレスかかっているだろうな／出版社は柴犬好きの俺に謝れ／虐待で吊るされても文句言えないレベル……これはひどい――

目にした瞬間、井上は悪意のかたまりに襲われたような感覚に陥った。

もしやこれが世間で言う、炎上ってヤツなのか？

井上のなかでは、ふたつの想いが広がっていった。せっかく読者と一緒に楽しもうと思っていたものが奪われた激しい怒り。そしてもうひとつは落胆だった。いつのまに自分が生きるこの世の中は、なんとつまらないものになってしまったのだろう……。

サイトのアクセス数が増えるほどに、雑誌のトータルイメージから離れた情報だけがひとり歩きをはじめていた。袋とじというイレギュラーで過激なところだけがクローズアップされ、今ではそれがすべてのように語られている。

気づけばまとめサイトまで出現して、タイトルには【閲覧注意】の文字まで貼り付けられていた。

袋とじの〈さいごに一言。〉に込めたように、『Shi-Ba』のメインコンセプトは〝見た目はバカで、中身はマジメ〟なのだ。だがここに集う人々に、その真意を伝える術はない。

このとき井上は『Shi-Ba』編集部の公式ツイッターアカウントを運営していたが、それは〝編集部で働く犬がつぶやいている〟という設定なので、発売日のアナウンスなどをのぞいて公式発言めいた発信はほとんどしていなかった。

そして幸か不幸か「どういうつもりなんだ!」という編集部への問い合わせも今のところはない。つまり訊かれなければ、反応もできない。

ようやく人並みにSNSなどを使いこなすようになったとはいえ、井上が基本的にアナログ人間であることは変わらなかった。それだけに落胆は大きかった。十周年を記念した袋とじは、井上にとって渾身の企画だった。できることはすべてやった。読者の反応を心から楽しみに、そして、いろいろな意見を受け止める覚悟もできていた。たとえそれが不評であっても、それをこれからの新しい十年の糧にしようという想いがあったのだ。

だが実際は、それより前にまったく無関係の人間によって開封され、あれこれ論評されてしまった。まさに他人に土足で踏みこまれた状況で、強い憤りと無念が胸に迫るばかりだった。

ひとまずスタッフには「ちょっと話題になっているけど、反応しないように」とだけ連絡した。場合によっては、さらに極端な情報だけが拡散されて収拾がつかなくなる危険性もあるが、編集長としても事態を見守るしかできることはなかった。さて、どうなるのか……。

やがてインターネット上に、新しい書きこみが入りはじめた。

Shi-Baはガチだから、素人が面白半分に近寄らない方がいい／Shi-Baはときどき読むけど、この号は10周年だということもあって特にテンションがおかしかったw
Shi-Ba編集部の肛門好きはガチ／雑誌の制作側が楽しんで作っているのがこっちまで伝わってくるのがよいですね

それは、どうやら以前から『Shi-Ba』を読んでいた読者からのコメントだった。

こうした書きこみが入ることによって、いつのまにかシリアスなムードは薄れていった。なかには〝これほど見事な亀甲縛りを犬にされたら、プロとして立つ瀬がない〟などと、どうやら本物の緊縛師から賞賛めいた書きこみまでされている。

そこには心から犬を愛し、笑いとギャグを大らかに受け入れる飼い主の姿があった。

洒落がわかる寛容なムードのなかで、もはや虐待を疑ってピリピリすることがバカバカしい感じになっている。これまで十年間『Shi-Ba』は多くの読者に支えられてきたが、その節目に炎上の危機から『Shi-Ba』を救ったのもまた読者だった。

数日すると、井上のもとに常連を含む複数の読者から「面白かった！」という感想とともに励ましの手紙やメールが届き、ようやく少しだけ気持ちを立て直すことができた。とはいえこの出来事は、井上にとって大きな衝撃だった。インターネットやSNS利用者層の拡大によって、世界はどんどん平坦になっていく。もっとも伝えたいと思って掲載したメッセージが読まれないまま、上っ面だけの情報をもとに論評されてしまったことは特に残念でならなかった。

あえて利点をあげれば、これまでタイトルやビジュアルに凝ってきた方針は間違いではなかった、とあらためて確信できたことだろうか。

創刊十周年記念号の刊行にまつわる騒動から、井上はしばし燃え尽きた気分に陥ってしまった。

第十六話　ニッポンの犬、変化する

ペット雑誌とは何なのか、そして『Shi-Ba』の使命とは何なのか――？

十周年記念号の炎上事件があって以降、井上は、そのことについてしばしば考えるようになっていた。もちろん、これまでだって読者が何を求めているのか常に意識してきたつもりだ。

だがインターネットが普及しＳＮＳが完全に定着した今、これまでにはあり得なかった細かい個人の声が耳に届くようになっている。それによってわかってきたのは、こちらがどんなに良かれと思って書いても、表現や言葉ひとつで傷ついたり、ガッカリする人がいるということだった。

そこからは〝ペット誌はこうあってほしい〟という、読者の願望も見えてくる。

様々な意見を知ることは、モノづくりの現場にとってもちろん大切だ。しかし、あまりに多くの声が耳に入りすぎると問題も出てくる。井上が一番マズイと感じたのは、無意識のうちに「こんなことをしたら、また誰かに怒られる」と考えて、企画の勢いをセーブするようになってしまうことだった。

創刊以来、他誌とは違うことをやるのが『Shi-Ba』の使命だと考えてきたし、今もそれは間違いではないと思っている。しかし、インターネット社会の流れのなかで、当初の〝イケイケ主義〟の持ち味が薄れていってしまうことを認めざるを得ない状況もあった。

とはいえ、これまでの路線を大幅に変更するつもりはなかった。一時は燃え尽きた気分に陥ったものの、創刊当初からパソコンに打ち込み続けてきた「アイデアメモ」は今も絶賛更新中だ。それらは通勤の途中に目にした広告や看板、電車内に居合わせたサラリーマンの動向、編集部の近くにある都立高校に通う女子高校生たちの会話やファッション、駅の売店で購入した新聞や雑誌の記事など、様々なところからインプットした情報がもとになっている。

世間で話題になっているもの、一見するとペットとは無関係なジャンルのものを柴犬に結びつけていく方法をベースにしている井上には、まだまだやりたい企画がたくさんあった。

だが井上の力だけで、それらのアイデアを誌面にすることは不可能だ。

「まったく、まあ君はしょうがないわねー！」

状況に応じて井上のことをそう呼ぶのは、今や立派な中堅編集者といってもいい宮﨑友美子、そしてペット誌の編集現場を長年牽引してきたベテラン編集者の楠本麻里だ。

ちなみに井上の下の名前は祐彦。「まあ君」と呼ばれるときは、概ね彼女たちの機転や器の大きさによってモノゴトが動くときだ。井上にとって宮崎と楠本は、これまで苦楽をともにしてきたのはもちろんのこと、頼れるスタッフとしてなくてはならない存在になっていた。

また、年月の経過とともに、それぞれのライフスタイルも変化していた。雑誌編集と犬、いずれの知識もゼロでこの職場に入った宮崎は、スタッフ犬を通じて犬の魅力に目覚め、やがて二十代なかばにして柴犬の肛門や睾丸に異常な愛を寄せる編集者として順調に成長していった。特にスタッフ犬四号の文太と暮らすようになってからは、その性癖に一層磨きがかかり、おかげでシモネタに執着するアイドル＝シモドルの異名を編集部内外で獲得。『Shi-Ba』誌上では〈シモドルと呼ばれて…〉のタイトルで、文太の成長過程を追うシモネタ満載の連載コラムを執筆したこともあった。

そんな宮崎も結婚とともに実家を離れ、出産を経て今や二児の母だ。

産休育休後は仕事に復帰したものの、子どもの体調によって勤務状況が変わるのはいずれの子育て世代も同じだ。勤務は時短で九時半から十六時半だが、それもかなわないことがある。時には子どもの入院や自宅療養で一か月近く、仕事にならない時期もあった。そして同業の夫は多忙を極めている。

その事情を知る井上は「できる範囲でやれ」とフレキシブルな対応をとった。仕事というのは時間の長さではなく、時間の使い方に尽きる。そう考えていた井上にとって、これはつまり「これまでと違う新しい働き方を自分で編み出せ」という意味だった。

出産前の宮崎は、担当する特集の取材や撮影すべてに立ち会い、そこで見て聞いたことを最終的にまとめていくという方法をとっていた。しかし、それができなくなってからは最初の段階で構成をつくっておいて、あとは信頼できる外部スタッフに任せるというスタイルになっていった。

通勤時間の一時間は、主に考えをまとめる時間だ。子どものために、残業も休日出勤もしない。ただし深夜・早朝・休日を含めて常に連絡がとれるように、そして的確な返事ができるよう態勢を整えていた。だから仕事の資料は常にコピーして持ち歩いた。それと同時に、なるべく仕事を翌日に持ち越さないよう心がけた。なぜなら翌日、自分がどのくらい仕事ができるかほとんど予測がつかない毎日だからだ。

こうした工夫や努力によって、編集部が貴重な人材を失うことはなんとか避けられていた。そして誰よりも仕事に割ける時間が短いにもかかわらず、宮崎は誰よりも多くの企画を編集部に提案していったのだ。だが会社滞在時間が限られることによって、職場での立ち位置も当然ながら変わっていった。

一方、かつて正社員だった楠本は、数年前からはフリーランスの編集者兼ライターとして編集部で働くようになっていた。〝井上編集部〟での活躍ぶりは変わらないが、契約スタッフになったことによって、生活そのものは深夜まで会社で働くスタイルとは違うものになっていた。

きっかけは家族の事情もあったが、主に柴犬のまる子と暮らすようになったことが大きい。朝晩の散歩をはじめ愛犬と一緒にいられる時間を確保することを考えて、思いきって働き方を変えたのだ。打ち合わせで編集部に行ったり、取材に出たりと仕事の忙しさは変わらないが、編集やライティング作業を自宅でおこなうフリーランスというスタイルは、動物と一緒に暮らすにはやはり都合がいい。

正社員時代は、帰宅が遅くなることが二、三日前までにわかると、仕方なく動物病院やペットホテルを利用することもあった。そのせいで、まる子はお泊りが大嫌いになってしまった。しかし、フリーランスになってからは朝から深夜まで自宅を留守にすることもなくなった。

また夫と協力しあって仕事時間の調整もできるようになった。楠本は『Shi-Ba』の姉妹本『ダックススタイル』の編集責任者でもあり、入稿や校了のときは仕事が深夜にまで及ぶ。そのため三か月前には印刷所に進行表を出してもらい、それをもとに夫が会社にシフト申請をすることによって、楠本が多忙な日は夫が自宅にいられるようにした。楠本と夫が〝まる子シフト〟と呼ぶこの工夫によって、まる子は、ほぼ留守番知らずの日々を送る柴犬となっていた。

『Shi-Ba』撮影現場のオフショット

もともと犬好きが高じてこの仕事に就いた楠本は、まる子への愛情を隠すはずもなく犬バカ魂の欲望のおもむくままに仕事をするようになった。スタッフ犬十号となったまる子は『Shi-Ba』のモデル犬として度々誌面で活躍し、さらに楠本の連載コラム〈しばまる子ちゃん〉にも登場。それと連動するように『Shi-Ba』公式ブログの中の「まる子日記」のコーナーで、楠本は〝まる子の母〟として愛犬の日常をインターネット上に公開してきた。

*

この編集部では、専属の編集者以外にも多くのフリーランススタッフが関わってきた。今は天国支部にいるスタッフ犬二号ポジとともに『Shi-Ba』編集部にやってきて、現在は〝スタッフ犬五号まゆ（真結を改名）にデレデレの父〟であるカメラマンの佐藤正之、スタッフ犬三号りんぞーの飼い主でライターの青山誠、カメラマンの日野道生、ライターの松本真規子、カメラマンの中川真理子、デザイナーの後藤淳、カメラマンの森山越、ライターの上遠野貴弘、編集・ライターの溝口弘美、カメラマンの奥山美奈子、ドッグスタイリストの井田綾、編集・ライターの伊藤英理子、スタッフ犬七号ジュウザの飼い主で編集・ライターの金子志緒、ライターの平川恵、カメラマンの斉藤美春、同じくカメラマンの田尻光久、編集・ライターの白石梨沙、ライターの小室雅子、同じくライターの逸村弘美（いつむらひろみ）――。なかには創刊準備の段階から、十数年も同誌と関わっているメンバーも数多い。

正社員では、打木歩（うちきあゆみ）が編集部員として活躍している。それでもスタッフ不足は、編集長の井上にとって長年の悩みの種のひとつといってもよかった。刊行しているペット誌は『Shi-Ba』を含め犬モノだけで六誌。さらに平成二十四（二〇一二）年からは『猫びより』の編集・発行を他社から引き継いでいた。制作自体は従来の編集メンバーにまかせていたが、これら定期刊行物以外にも『犬川柳』や『猫川柳』、さらに料理のレシピ本、ハンドメイド系の実用書も幅広く手がけてヒットシリーズも出している。

井上のまとめる編集部は、今やファミリー層や女性層を中心にした出版物を得意とするセクションとして社内でも一目置かれる存在になっていた。

読者が納得するクオリティの刊行物を複数世に送りだすためには、優秀な人材の確保は欠かせない。『Shi-Ba』でも〈制作スタッフ募集〉の記事を頻繁に掲載してきた。募集するのは経験のあるフリー編集者、スタイリスト、ライター、カメラマンなどだ。

正社員や契約社員についても、井上が求人サイトなどに広告を出して募集していた。採用でももっとも重視したポイントは、井上自身とは違う考え方や価値観を持っていること。ただ使いやすそう、というタイプは選ばなかった。

犬や猫が好きなことは大事だが、総合出版社としては「犬本・猫本しかやりたくない」という人は難しい。男女で採用を分けることはなかったが、応募者は女性が圧倒的に多く、編集部の構成は結果的に女性が中心となっていた。

こうして今まで多くのスタッフが井上のもとに集まってきたが、編集スタッフとして定着する数は限定されていた。仕事は心身ともにハードで、収入も高額とは言い難い。編集や企画にはセンスや才能も問われる。編集の仕事を続けるためには、犬が好き、猫が好き、スイーツが好きなどといった個人的な興味や強い思い入れも必要だ。それがなければ、長期にわたり仕事のモチベーションを保つことは難しいだろう。

井上の人材育成の方針は、スタッフにどんどん仕事を任せて限られた時間のなかで経験を積ませ、一人前の編集者になることを期待するというものだ。

いわゆる手取り足取りといった細やかなものではなく、そして井上は言葉柔らかなタイプでもない。企画についても「面白い」か「全然面白くない」しか言わないことがほとんど。平たく言えば〝いきなり谷底に突き落とすスタイル〟だ。

そのため初心者であれば失敗は避けられない。外部スタッフに叱られたり、取材先で恥をかいたり、犬に嫌われたりすることになるのだが、それによって自分に足りないものを補ったりやり方を工夫したりすることが、編集者として仕事をするうえでは必須なのだと井上は考えていた。

またこれは出版や編集に限ったことではないが、なにしろ仕事や職場というのは不条理や理不尽なモノゴトにあふれている。そうしたことを受け入れ、また受け流せる強さがないと、どんなにいい企画案も編集会議を突破することは難しい。

なかには数か月から一年程度で編集部から離れていく者が少なからずいたことも事実だった。そして井上は、仕事を任せることでかえって戸惑ってしまうタイプが年々増えてきていることも感じていた。

離職の理由は、個々それぞれだ。だが編集長という立場から見ると『Shi-Ba』を通じて覚えた仕事やつくった人脈をこれからどういかしていくのか、自分でわからなくなってしまうことが、モチベーションを保てなくなるひとつの原因と感じることが多かった。

雑誌編集の仕事は、日々淡々と続けていけるものではない。ある程度の年齢までに「いつかこんな本を絶対につくりたい！」「こんなことができる編集部をつくりたい！」といった目的や目標が見つけられなければ継続は難しい。それがないまま仕事をしても、愚痴や不満につながるばかりだ。

とはいえ成長のスピードには個人差がある。たとえ第三者からクレームが入ったとしても、編集長としては最後まで見捨てないし、いつかどうにかなるだろうと構えているつもりだ。それだけに、成長する前に辞められて心底ガッカリしてしまうこともあった。

人材育成については、今も正解がわからない。はたして自分にソレを語る資格があるのだろうか、というのが井上の本音だ。

たとえば将来の目標が見つけられないという部下に対して、頃合いを見はからって上司として助言ができればよかったのかもしれない……。そう考えることもあった。だが照れ屋で口下手な井上にとって、それは容易いことではなかった。さらに助言が本当に必要なのかと考えると、それもまたわからなくなるのだ。

自分も含め、パーフェクトな人間などこの世にはいない。そしてモノづくりには、王道もマニュアルもない。そんな現場に不完全な人間が集まってチームをつくり、お互いに足りないところを補いあいながら最高に面白いモノをつくろうと切磋琢磨をくりかえす。なにはともあれ井上は、そんな雑誌編集の仕事が大好きだった。

だから時おり『Shi-Ba』誌上で、次のようなフレーズを使った。この編集部に集まっているのはダメ人間ばかり――。それはスタッフに向けた、井上流の感謝と賛辞だった。

＊

柴犬の目の前にあらわれたのは、薄いグレーのツルリとした皮膚を持つ生き物だった。流線型の身体の動きは流れるように優雅で、それを追うように大小の空気の泡がキラキラと煌めいている。真っ黒な瞳は優しくも好奇心にあふれ、口元はまるで笑っているようだ。挨拶を返すかのように柴犬が優しく鼻先を突き出すと、コツンと強化アクリルガラスに当たった。その瞬間、カメラマンの佐藤が連続してシャッターをきった。

この日『Shi-Ba』の編集スタッフは、グラビア撮影のために神奈川県内の水族館を訪れていた。水槽の向こう側で泳ぐのはイルカをはじめ、美しくもユニークな色や形の魚たち、神秘的に浮遊するクラゲなど。

この水族館はリードを着けていれば愛犬と一緒に館内を歩いて見学ができる、犬連れおでかけスポットでもあるのだ。

モデル犬として撮影に協力するのは、二頭の読者の愛犬たち。初めて見る海の生き物に興味津々な表情を見せながら、水槽の前でのおすわりのポーズも難なくこなしている。巨大な水槽を見上げるような角度で佐藤がカメラを構えると、まるで柴犬が深海の冒険旅行を楽しんでいるかのようなユニークなショットに仕上がった。

水族館が家族連れだけでなくカップルなど大人のあいだでも「キレイ」「面白い」などと注目が集まるようになったのは、平成二十（二〇〇八）年前後のことだ。

今やおしゃれスポットのひとつとして認知されているが、同館の担当者は「犬連れの来場者はめずらしくない」という。温度管理された館内は、飼い主と愛犬の両方にとって快適で、猛暑の折には人気のおでかけスポットになっている。このような場所はいまだ希少だが、そもそもアミューズメント施設に愛犬を連れて遊びに行くなんて、かつては考えられないことだった。

マンションで日本犬を飼ってはいけませんか？

人間といっしょに旅行を楽しんではいけませんか？

ちょっとオシャレな格好で街を闊歩してはいけませんか？


これは『Shi-Ba』創刊号で、井上が編集後記に書いたことだ。読者及び世間へ向けた問題提起といってもよかった。すでに〝犬は家族の一員〟という表現は広がってはいたものの、それはゴールデン・レトリーバーをはじめとする洋犬を飼う人々のあいだで語られていること。柴犬などの日本犬は〝番犬で外飼い〟という昔ながらのイメージが強く、実際そのように飼育されている犬も多かったのだ。

しかしあれから十数年、井上の問いかけに真っ向から「ＮＯ」と言う者はほぼいなくなったと言っていい。犬の飼い主の考え方や常識、それをとりまく環境は大幅に変わっていったのだ。

そして、それらは犬たちの変化にもつながっていった。

「最近の柴犬って、前とは顔つきが違ってきたような気がする……」

編集スタッフのあいだで、そんな会話が交わされるようになったのは、『Shi-Ba』創刊から五年ほど経った平成十八（二〇〇六）年あたりからのことだ。

創刊当時、各家庭で飼われている柴犬は総じて凜としたタイプが多かった。耳や顔、目は三角形を連想させる形で、ちょっと野性味を感じさせる、クールでカッコイイ日本犬のイメージだ。

だがその後、柴犬たちの顔は全体的に丸みを帯びてきて、目もクルッとした印象のアーモンド形に近いものになっていた。もちろんどこから見ても柴犬であることは間違いないのだが、かつてとくらべるとキュートでスイートなものへと変化していたのだ。

こうした変化は、外見に限ったものではなかった。『Shi-Ba』誌面でしつけトレーニングの監修・指導をしているインストラクターの八木淳子もまた、柴犬という犬が少しずつ変化していることを感じていた。

もともと柴犬をはじめとする日本犬には、洋犬のようにおやつなどのご褒美を使うトレーニング方法はマッチしないといわれていた。それが〝日本犬のしつけは難しい〟といわれる所以のひとつだったのだが、やがて洋犬と同じ方法のトレーニングでも基本のしつけが入ってしまう柴犬が少しずつ増えていったのだ。

かつて日本犬といえば、「気合い入ってます！」というタイプが圧倒的に多かったが、今は良い意味で力の抜けた犬が増えている。そう八木が感じるようになったのも同じ頃からだった。家族の一員としてニコニコと楽しそうに暮らしている柴犬などの日本犬たちに、もはや昭和の時代にスタンダードだった番犬の面影は薄い。彼らはゴールデン・レトリーバーやウェルシュ・コーギーなどの洋犬と同じように、家族の一員として暮らすようになっているのだ。

それは決して自然発生的なものではなく、時代とともに変化した日本人のニーズを反映した現象だった。柴犬をはじめとするすべての純血種にはプロのブリーダーが関わっているが、外見・内面ともにソフトで複数の人間とつき合うことにストレスを感じない要素を優先した繁殖が増えた結果ともいえるのだ。

＊

緩い風が吹くと上空には無数の花びらが舞い上がり、やがてそのうちの一枚が福太郎の鼻先にピタリとくっついた。

平成二十五（二〇一三）年春、この日、井上は家族で毎年恒例のお花見に出かけていた。場所は自宅から車で十分ほどの公園。ここは福太郎にとってお馴染みのボール遊びスポットであり、地元では有名な桜の名所でもあった。

桜の花びらで飾られた福太郎の鼻先は、ツヤツヤと黒光りして健康そうだ。だがそのまわりの毛はすっかり白くなっている。前年の十一月の誕生日で十四歳になり、これは人間に換算すると八十代だ。自宅にいればほとんどの時間を眠って過ごし、ここ最近は急激に足腰が衰えてきたせいで、あれほど好きだった散歩もかつてのようにはできなくなってきていた。

愛犬と一緒に過ごせる日々は、残り少なくなっている。

そう感じないではいられない状況のなかで、井上はできるだけ福太郎との時間を確保したいと考えていた。いっそのこと会社に連れていこうかと思ったこともあったが、福太郎はハッキリ言って編集部が嫌いだった。

『Shi-Ba』創刊からしばらくはモデル犬として誌面に出ずっぱり。おまけに関わるのは井上を含め犬の撮影に慣れないスタッフばかりで、今になって思うとずいぶん無理をさせていたことがわかる。そのせいで大好きな車に乗ってご機嫌で出かけても、途中で編集部のある新宿方面に向かっていることに気づいたとたん「キャ、キャ、キャイーン！（会社なんて絶対にイヤですー！）」と全力で抗議した。

ならばせめて精神的な部分で福太郎をケアしたいのだが、実際に世話をしていると何を求めているのか判断できないことも多い。

「福ちゃんの言葉がわかったら、どんなにいいだろう」

そんなふうに妻の美津子と話すこともあるが、もちろん正解がわかるわけもない。だからせめて考えつく範囲で、福太郎の好きなことをしてあげようと井上は思うのだった。

そのひとつが家族揃ってのお花見だ。犬にとっての優先順位は、もちろん花より団子。毎年この日は、美津子が福太郎の大好物を準備することになっている。レジャーシートの上に並べられた弁当箱には、茹でた鶏肉や卵焼きなど美味しそうなおかずがぎっしりと詰まっていた。

いつもはのんびりと眠っていることがほとんどの福太郎も、さすがにワクワクした様子で熱心に鼻先を動かしている。

「見てあの犬、専用のお弁当つくってもらってるよ」

「わぁ、豪華なお弁当！」

通りすがりの花見客から、羨ましげな声があがった。

たとえ言葉はしゃべれなくても、これだけ長く生きている犬であれば、人間が何を言わんとしているのか察しをつけるのはおそらく難しいことではない。福太郎は「えへへ、いいでしょう！」とまるで自慢するような、得意げな顔をした。

福ちゃん、いい顔してるー！

井上は愛犬のイキイキとした表情に目を細めた。これからも毎日を大切に、福ちゃんがこんなふうに楽しい気分になれることをできるだけたくさんやっていこう。そして来年の春も、絶対に福ちゃんと一緒にお花見をするぞ！　井上は、そう心に誓った。

お花見中の福太郎
(提供：井上祐彦)

第十七話　福ちゃん、奇跡の生還！

犬のことは犬に訊け。これは『Shi-Ba』創刊当時から、編集長の井上をはじめ多くの編集スタッフが信条にしていることだ。

実際に犬と一緒に暮らし、多くの犬に関わるプロや読者と長年交流していると、柴犬をはじめとする日本犬についてのリアルな情報が蓄積されてくる。それでも犬にまつわる謎は、エンドレスに生まれてくる。なかでも「ウチのコ、どうしてこんなことするのだろう？」「こんなとき、何を考えているの？」というものは、ほぼすべての飼い主にとって共通の疑問といってもいいだろう。

そんなときこそ〝犬に訊く〟という姿勢は大切だ。しかし実際は、これがなかなか難しい。言葉で説明してくれない相手の気持ちや事情を理解するためには、正しい知識や分析力、感受性、想像力、客観性など、いろいろな要素が必要になってくる。

それらを総合的にフル稼働させて、飼い主はようやく愛犬の気持ちを理解する道に近づくことができるのだ。こうした道理がわかっていなければ、それは訊いたつもりの擬人化でしかなく、かえって愛犬との関係をこじらせてしまう危険性さえある。

平成の時代、飼い主と犬に関わる様々なものが大きく変わったが、愛犬の行動や心理について科学的なアプローチがされるようになったこともそのひとつといえるだろう。

たとえば犬のボディーランゲージについて、昭和の時代であれば、尻尾を振っている犬は機嫌がいいと単純に解釈されていたが、現在では尻尾の上がり方や振る角度、速度によって「気安く近づくな！」などと警告を発している場合もあるというのはよく知られていることだ。

第六話でもふれたように、唐突にあくびをしたり、後肢で耳を掻く愛犬の行為を見て「ちょっと緊張してる」「居心地の悪い想いをしているな」などと気持ちを察することは、今どきの飼い主にとって基礎知識のレベルといってもいいだろう。

こうした情報をこの国の飼い主のあいだに伝えていったのは、海外などの情報をベースにしたドッグトレーニングのインストラクター、また大学などの機関で研究を進める動物行動学の専門家たちだ。

愛犬と暮らすなかで生じた「なぜ？」「どうして？」を飼い主が探ろうとするとき、彼らは心強いナビゲーターだ。また専門家の知識や情報を記事にして、飼い主に届けていったペット雑誌や書籍の存在も大きい。

犬の行動や心理に特化すれば、この分野は世界的に見てもかなり新しい。犬は物事をどのように理解するのか？　なぜ飼い主とコミュニケーションがとれるのか？　そうした犬の知性をテーマにした研究が進められるようになったのも、実はここ十数年のことなのだ。

いわゆる〝犬研究〟の分野が発展する大きなきっかけになったのは、米国の人類学者ブライアン・ヘアの研究だった。

それは犬が飼い主の指さすものに自ら注目して、飼い主が意図することを理解する能力を持っていることを証明する内容のものだ。例をあげると、宝探しゲームをしているときに隠し場所を飼い主が指させば、愛犬はたいていボールやおもちゃなどの〝お宝〟を探し当てることができるというものだ。

その程度のこと、犬なら普通にできる。それの何がスゴイの？

犬と暮らす多くの人は、これを読んでそう思うだろう。実は認知心理学の教授のもとで学ぶ大学生だったブライアン・ヘアも、同じように考えた。

彼の愛犬のラブラドール・レトリーバーのオレオは、指さすことで草むらから複数のボールを回収することを難なくこなしていた。だがこの能力は、実は幼児が周囲の人間が言わんとすることを理解して、言語習得や社会ルールを身につけるために必須といわれるもの。当時の専門家のあいだでは、人間だけが持っているものと認識されていた。

何も教えていないのに相手が指さすものに注目して、その意図をくみとろうとするのは、コミュニケーションを成立させるうえで重要な役割を果たす、ものすごく高度なことなのだ。

この能力は人間と犬にしかないものといわれ、ＤＮＡレベルで人間と九十九パーセント以上同じともいわれるチンパンジーも、この能力に限定すればまったく及ばないという。

なぜ人間と犬は一緒に暮らせるのか？　円滑かつ高度なコミュニケーションができるのか？　ブライアン・ヘアは、その理由を世界で初めて科学的に証明したのだ。

この研究について、共同研究者のヴァネッサ・ウッズと共著でまとめた『The Genius of Dogs : How Dogs Are Smarter Than You Think』は二〇一三年二月に米国で出版された。まもなくニューヨーク・タイムズ・ベストセラーのノンフィクション部門にランクインするなど大好評となり、この新発見は世界の犬好きのあいだでも知られるようになっていった。この本は日本でも同年十二月に早川書房から『あなたの犬は「天才」だ』（古草秀子（ふるくさひでこ）訳）というタイトルで翻訳出版されている。

そもそも動物の認知能力に関する研究の歴史はさほど長くない。はじまったのは一九七〇年代で、当時の科学者の関心は主にチンパンジーなどの霊長類に向けられた。

その後はイルカやカラスなどにも拡大していったが、犬が研究対象になることはなかった。その理由は、犬は家畜化された動物だからというもの。家畜化は、動物が自然界で生き残るために必要な技能や知性を失わせ、動物の知的能力を鈍らせると考えられていたのだ。

犬と暮らした経験のある者にとってはまったく理解に苦しむ理論で、それは大学三年生だったブライアン・ヘアにとっても同様だった。一九九五年、彼の研究は担当教授から「どこのうちの犬も、微分積分ができるからね」と茶化されるところからスタートした。パートナーはもちろん愛犬のオレオで、主な研究場所は実家のガレージだった。

その研究から、犬は人間と暮らすことによって愚かになるどころか、ほかの動物には見られない知性を身につけているという発見に至った。ブライアン・ヘアがこうした研究をしているのとほぼ同じ時期、ハンガリーの動物行動学者アダム・ミクロシも同様の研究をおこない、同種の結論に至っている。それによって犬の認知能力の研究が世界的に注目されるようになったのだ。

現在、ブライアン・ヘアは米国・デューク大学の教授兼同大学付属犬認知センターの所長となり、〝犬学者〟としてこの分野の牽引者のひとりになっている。

犬の認知能力について革命的な研究発表に至ったのは、もちろん彼が犬好きで、愛犬のオレオと楽しい体験を重ねながら深い信頼関係を結んだからだ。そして本格的な研究をはじめてからは、さらにオレオとじっくり向き合う日々を送った。

世界的に認められる科学者でありながら「犬って天才なんだ!」という犬バカ的な発言ができるのは、犬の行動や心理、日々のコンディション、個性など、あらゆる面で

〝犬のことは犬に訊け〟の姿勢を徹底して貫いた結果といってもいいだろう。

こうした犬研究の発展によって、興味深くも心温まる事実が次々と解明されるようになった。たとえば飼い主と愛犬が触れ合ったり、見つめ合ったりすることによって、オキシトシン、俗称幸せホルモンが双方の脳内で分泌され、それによって信頼が深まるというのは麻布大学獣医学部教授の菊水健史の研究からわかった事実だ。

また犬は同族の犬と一緒にいるときよりも、人間と一緒にいるときの方が安心や快感を得ているという報告もある。これは米国の研究機関によるもので、犬や人間の複数の匂いに対する脳神経反応をＭＲＩで確認した結果だという。

また英国・ポーツマス大学のジュリアン・カミンスキー研究グループは、犬が顔の表情を使って人間と意思疎通を図ろうとしていることを発見している。特に犬たちの表情が頻繁に変化するのは、人間から注目されているときで、もっとも頻度が高いのは目の上部の筋肉を上げて目を大きく見せるというものだ。

こうすると成犬でも〝カワイイ子犬のような顔〟になり、こんな顔をされたらたいていの飼い主はメロメロになって、無限におやつを与えたくなってしまうはず。つまり犬たちは「アタシ（ボク）ってカワイイでしょ！」ということを理解してやっていた可能性もあるということになるのだ。これについては、すでに薄々気づいていた飼い主は多いかもしれないが、それが科学的に証明されたというわけだ。

犬バカであれば、犬の謎が解明されてワクワクしないわけがない。こうした楽しみは、平成後期になってようやく始まったといえるのだ。

＊

どうして時間が経つのは、こんなに早いのだろう……。

『Shi-Ba』編集長の井上がそう感じたのは、平成二十六（二〇一四）年の新年号の準備をしているときのことだった。なにしろ前年の新年号の入稿を終えたのは、つい先日のこと。それなのになぜ今、自分は再び新年号の編集後記を書いているのだろうか？　だが実際にそんなわけはなく、季節はしっかりと一年分めぐっている。多忙な毎日とはいえ、自分の時間感覚はいったいどうなっているのだろう。

そんなとき一通の手紙が届いた。差出人は数年前に取材に協力してくれた飼い主で、誌面に登場した愛犬の昇天を報告したものだった。たとえ取材に同行できなくても、井上はカメラマンが撮影して編集部に納めた犬の写真はすべて記憶にとどめていた。もちろんその犬のことも覚えていたが、誌面の掲載からそれほど時間が経ったという意識はなかった。

それだけに手紙に書かれていた十七歳という年齢を見て、現実を突きつけられた。飼い主の心情を思うと言葉が出ないが、「全力で生きたので飼い主としては満足です」という手紙の一節は、井上の胸に深く響いた。

はたしてそのとき、自分は何を思うのか。ここ数年、井上は〝来るべき未来のこと〟が頭から離れなくなっていた。遠くはないこととわかっていながら、できるだけ先延ばしにしたい。そんな気持ちは年々強くなっていた。

福太郎は、十五歳になっていた。年齢とともに足腰が弱ってきていて、あれほど好きだった散歩も今ではゆっくりとしたペースで短時間しかできなくなっている。基礎体力や抵抗力の低下は否めない。厳しい猛暑が続いた前年の夏には、福太郎のために新しくエアコンを購入した。そして、冬になると寒さの影響がまた心配になるのだった。

年齢を重ねているのは、当然のことながら福太郎だけではなかった。ライターの青山誠の愛犬でスタッフ犬三号のりんぞーは十歳、編集者の宮﨑友美子の実家で暮らすスタッフ犬四号の文太、カメラマン佐藤正之の愛犬でスタッフ犬五号のまゆもまた十歳、編集・ライターの金子志緒の愛犬でスタッフ犬七号の甲斐犬のジュウザは九歳になっていた。

いずれもシニア犬と呼ばれる世代だ。犬たちの時間は、とにかく驚くほど速い。そんなに急ぐなとどんなに飼い主が願っても、彼らはその生涯をどんどん駆け抜けていってしまうのだ。

井上をはじめ多くのスタッフにとって、高齢犬ライフを扱う企画は今やもっとも身近で切実なテーマのひとつになっていた。高齢になっても元気に生活するためには、飼い主の適切なケアや知識が必須だからだ。

たとえば高齢犬がいる家では、大きな家具のレイアウトの変更など大幅な模様替えはしないほうがいいといわれている。視力が衰えてきた犬は、これまでの記憶や感覚をたよりに歩くからだ。

また愛犬の体調によっては、家具の角を緩衝材でカバーするなど、万が一、衝突したときの衝撃から守る工夫も必要だ。足腰が弱くなった犬でもしっかりと踏ん張ることができる、コルクマットや毛足の短いカーペットなどの滑りにくくクッション性のある床材の導入は、快適なシニアライフに有効だ。

もうひとつ重要なのは食事内容だ。筋肉が衰えてくると代謝機能が低くなるため、一日に必要な摂取エネルギー量は若い頃と同じというわけにはいかなくなる。太りすぎや痩せすぎを回避するためにも、食事内容の見直しが必要になる。複数の種類の食材を使った手作りゴハンやトッピングは、栄養バランスが取りやすく、犬にとって楽しみや刺激にもなる。

また老犬は頭を下げると、前肢に体重がかかり不安定な体勢になる。食器を置く台を高くすると、肢や首、消化器官に負担の少ないスムーズな姿勢を保つことができるという。

獣医師監修のこうした特集記事は、井上にとってもそのまま参考になることが多かった。また十七歳、十八歳と、福太郎よりも年上ながらのんびり穏やかにシニアライフを送っている読者の愛犬たちのリポートは、飼い主のひとりとして勇気づけられるものがあった。

その日まで悔いのないように、これからも福ちゃんと一緒に全力で生きるぞ！　そう井上は心に誓うのだった。

＊

だが井上には、実は少しだけ気になることがあった。

「最近の福ちゃん、下痢が続いてるの……」

妻の美津子から不調を報告されたのは平成二十六（二〇一四）年一月、新しい年が明けてまもなくのことだった。胃腸に影響が出る風邪（かぜ）だろうか。たしか以前にも同じようなことがあったのだが、そのときは数日したら自然に症状はおさまっていった。しばらく様子を見ていたのだが、今回はまったく回復する兆しが見えなかった。

「やっぱり病院に連れて行こう」

井上と美津子が相談していた矢先、思いもかけないことがおこった。福太郎がヨロヨロと歩いたと思ったら、突然バッタリと倒れたのだ。

「福ちゃん！」

抱き起こそうとしたが、福太郎に意識はなかった。お尻からは、タールのような真っ黒な便が流れ出ている。それを見た美津子は、目の前が真っ暗になった。介護経験のある知人から「人間は、死に際に真っ黒な便をする」という話を聞いたことがあったからだ。

福太郎の体内で、いったい何がおきているのか？

急いで病院に担ぎこむと、さっそく診察室に通され検査がおこなわれた。血液検査のほかに超音波検査など、獣医師ふたりがかりだ。その結果わかったのは、肝臓に大小ふたつの腫瘍、そして脾臓（ひぞう）にもひとつ腫瘍があるということだった。

ある程度の年齢を超えてから、福太郎は定期的に健康診断を受けていた。もともと肝臓の数値が悪かったため薬も服用していた。しかし腫瘍は急性のものなのか、飼い主として初耳だった。

脾臓は切除しても生きていくのに問題ないが、肝臓はあまりに腫瘍が大きいためふたつとも切除することは無理との診断だった。手術が不可能ということは、治療の方法はないということになる。

「あと何か月というタームで物事を考えることは難しいでしょう。なんでも好きなことをさせてあげてください」

獣医師の説明に、井上と美津子は絶句するばかりだった。年齢的にいつかはと思っていたものの、福太郎はほんの数日前まで穏やかに散歩をする日々を送っていたのだ。あまりに展開が急すぎて、とても現実をうけとめられなかった。

そうしたなか、口を開いたのは美津子だった。

「それは、あと数週間ということもあり得る……、ということでしょうか」

「そう考えていただいて、いいと思います」

獣医師は、勧めるわけではないと前置きしながらも、苦しみが強い場合は安楽死という方法があることについても説明した。

助かる見込みがなく、時間も限られているという診断をされた以上、選択肢はひとつしかなかった。井上と美津子は、福太郎を自宅に連れ帰り看病することにした。寒さの厳しい一月中旬で、とにかく暖房や毛布で体温を保つようにした。福太郎はなんとか意識は戻っていたものの、三、四日は水も受けつけず見ているのも辛くなるほどの衰弱ぶりだった。

「福ちゃん、頑張って」

「福ちゃん、頼むから元気になってくれ」

夫婦で声をかけながら、少しずつ水分を与えていった。するとわずかながら目元に力が戻り、声への反応も出てきた。とはいえシリンジで水分や流動食をほんの少し口に流し込むと、なんとか飲み込むことができるといった程度だ。肝臓に巨大な腫瘍を抱えているることを考えれば、それが回復に向かっているわけではないことはあきらかだった。

好きなことをさせてあげてください――。

そう獣医師に言われたが、福太郎にはもはや楽しみを享受する体力はなく、おそらく残された時間もわずかだ。お別れまで、あと一日、もしかしたら数時間かもしれない。そうなった今、福ちゃんにやってあげられることは何なのか？

「すぐ帰る」

玄関を飛び出した井上は、車のエンジンをかけた。

福ちゃんの好きなもの、この世のなかで特別に好きなものといえば、アレしかない！めざすは、白髭（しろひげ）の老人がトレードマークのあの店だ。井上が一心不乱にハンドルを握っていると、やがてフロントガラス越しに真っ赤なＫＦＣの文字が見えてきた。

オーダーは、迷うことなくオリジナルチキンだ。熱々のチキンの包みをレジで受け取ると、井上は急いで自宅へとって返した。

ケンタッキーフライドチキンのオリジナルチキンは、福太郎の大好物だ。毎年、誕生日にはかならずこれを買ってお祝いするのが恒例になっていた。調味料のたっぷりしみこんだ衣は、さすがに取り除いているが、独特の香りの鶏肉は格別なのだろう。福太郎は、ほかのどんな食べ物よりも「旨（うま）い！」と喜びとともに伝えてきた。

福太郎が伏せる布団の前に、買ってきたばかりのチキンを置いた。部屋のなかには美味しそうな香りが広がっていったが、福太郎はすでに意識が朦朧としているようで反応はなかった。

「……食おう！」

井上が黄金色の塊にかじりつくと、美津子もチキンを口にした。

複雑なスパイスを含んだカリカリの衣の食感、さらに風味豊かな肉汁が口のなかに広がった。さすがに福太郎が大好物に認定するだけのことはある。ケンタッキーフライドチキンのオリジナルチキンは、いつだってほかには代え難い深い味わいがあった。

本当は福太郎にも味わってほしかった。一緒に「美味しいね」と言いたかった。何度も口のまわりをペロペロするときの、満足そうなあの顔をせめてもう一度見たかった。しかし衰弱が激しく、水さえ飲むこともやっとという状態になった今、それはもうかなわないことだった。

チキンをほおばりながら、井上と美津子はボロボロと泣いた。これは、おそらく最後の晩餐だ。せめて福太郎の大好物を食べることが飼い主としてできる唯一のことであり、正しい見送り方のように思えた。

「食うか……？」

井上がチキンの破片を指先でつまみあげ、福太郎の鼻先に差し出した。せめて大好物の香りを嗅がせてあげたいと考えたのだ。反応がなくてもガッカリはしない。でも福ちゃんなら、わずかな意識のなかでも大好きなチキンのことを認識できるはず……。

そう思った矢先、思いがけないことがおこった。

福太郎がパチリと目を開くと、目の前のチキンに向かって口を開けたのだ。弱々しいとはいえ、数回咀嚼(そしゃく)して鶏肉をしっかりと味わっていた。

「食うのか！」

井上は、驚きを通り越してなかば呆れたような声をあげていた。これはいったいどういうことなのか。まるで身体を離れようとしていた魂が、一番の大好物によってこの世に引き戻されたかのようだった。

そして、本当に驚くのはここからだった。

チキンを口にした福太郎は、その後、徐々に回復へと向かっていったのだ。肝臓にかかえた腫瘍はどうなっているのか。もはや科学では解明できない状況に突入していたが、ともかくそれは死の淵(ふち)からの奇跡の生還といえる出来事だった。

第十八話　我ら、犬バカ編集部員

「なんだ、これ！」
「ウソだろ〜！」
『Shi-Ba』編集長の井上、カメラマンの佐藤とカメラアシスタントの松岡（まつおか）さち子（こ）は、目の前の光景にしばし呆然とした。

　平成二十七（二〇一五）年五月、この日一行は巻頭グラビアの撮影のために栃木県某所をめざしていた。早朝に都内を出てから渋滞もなくスムーズだった。ところが県内の幹線道路をそれて山沿いの道にさしかかると突如〈通行止め〉の標示があらわれ、その先は深い雪にスッポリと覆われていたのだ。

　すでに新緑の季節の真っただ中なだけに、まったく予想外の展開だ。だがこの年の冬、関東地方は豪雪に見舞われ、その余波で一部山間部はいまだ通行不能だった。

　ナビゲーションシステムで現在地を確認すると、目的地までわずか十キロほどの距離だ。一方迂回（うかい）ルートを検索すると、なんと都内まで戻らなくてはならないことがわかった。このままでは、取材のアポイントに絶対に間に合わない。

「撮影機材担いで、突破できないですかね……」

一瞬そんなことも相談したが、深雪の峠道では自殺行為と諦めるしかなかった。

「大幅に遅れます。すみませ〜ん！」

取材先に事情を話して、大急ぎで元来た道を戻り再び目的地をめざすことになった。ついさっきまで余裕だと思っていたのに、まったく自分たちは何をやっているのだろう。

午後、約束の時間を大幅に過ぎて平謝りしながら到着すると、飼い主は笑って井上らスタッフ一行を迎えてくれた。

そこは関東でも屈指の秘湯で、三頭の柴犬たちが看板犬として暮らす温泉施設だった。さすが来客に慣れた犬たちは激しい警戒心をあらわにすることもなく、スタッフが持参したおもちゃやおやつを気に入ってくれたようだ。

犬たちのリラックス度合いを確認したら、そこからはドタバタで撮影開始だ。自然豊かな里山で暮らす柴犬たちは、愛らしくも凛々しく頼もしい日本犬の顔をしていた。歴史を感じさせる施設をバックに渋いショットが撮影されていった。

屋外での撮影を終えて、最後は温泉シーンを撮ることになった。看板犬のうち一頭にポーズをとってもらったものの、誰もいない露天風呂は今ひとつ絵にならない。この日のメンバーは井上と佐藤、そして女性の松岡のみだったため、編集長自ら裸仕事を引き受けることになった。

全裸にタオルだけ巻いてカメラの前に立つというのは、予想以上に非日常感がある。湯に浸かるときは、かたわらに置いてあった檜の桶で股間を隠してタオルをはずした。編集長の身体を張った撮影シーンに、カメラを持つ佐藤は調子良くシャッターをきっていった。

「もうすぐ五十なのに、なんで俺こんな仕事してるんだよー」

撮影をサポートする松岡が笑うなか、井上はまんざらでもない気分だった。創刊から十数年経っても、相変わらずバカなことをやっている。そんな仕事に携われることが、なんだか嬉しかった。こうして冗談を言って笑えるのは、スタッフの存在がなにより大きい。

目の前でカメラを構える佐藤は、今や業界屈指の犬写真家のひとりになっている。これまでの取材同行回数は数えきれない。福太郎がまだ若く、スタッフ犬二号のポジが健在だった頃は、お互いの愛犬同伴で各地のロケに出かけていた。最後に訪れた高尾山ハイキングの楽しさは、今も忘れられない。

創刊当時はゲリラ撮影がほとんどで、都心のオフィス街で撮影しているとビルの警備員からよく注意された。「どこの出版社だ？　撮影するなら許可を取れ」と詰め寄られ、井上は「僕ら写真の専門学校生で、実習中なんです」とごまかしたこともあった。

若いスタッフはさておき、当時の井上は三十代なかばすぎ、佐藤は四十代だ。説得力ゼロなのに、我ながらよくヌケヌケとそんなことを口にしたものだと思う。そのときのことを思い返すと、なんだか笑いがこみあげてくる。誰も見たことのない愛犬雑誌をつくることに必死になって、そのために馬鹿げたウソまでついて、それをネタにスタッフ皆で笑いあって、時にはワイワイと言い合いもして、とにかくすべてが楽しかった。

「あれ？」

そのとき井上は、手元の桶が歪(ゆが)んでいるような気がした。持ち直そうとしたら、桶の端から形が崩れはじめた。

「あ、マズイ！」

慌てるとさらに、桶はバラバラと崩壊していった。予想外の展開に、佐藤もさすがに驚いた。

「井上さん、何やってるの！」

「わ、わ、わー！」

もはや井上は、声にならない声をあげていた。

股間の前で桶の木片を必死にかき集めようとする真っ裸の編集長に、佐藤と松岡は笑いをこらえきれなくなっていた。

冗談じゃない！　よりによって、どうしてこんなことがおこるんだよ？　憤慨と困惑をあらわにする井上を見て、さらに佐藤が大笑いした。松岡も身体をよじって笑い転げっていた。

ている。つられて井上も爆笑した。気づけばメンバー全員が、ゲラゲラと声をあげて笑

＊

ケンタッキーフライドチキンのオリジナルチキンによって、福太郎が〝奇跡の生還〟をとげてから一年半が経っていた。

「この生命力の強さはすごい！　いったい何をしたんですす？」

担当獣医師は、まったく信じられないという顔をした。瀕死(ひんし)の状態から、一か月ほどで近所を散歩できるまでになったのだから無理もない。福太郎の生命力の秘密については、まさか本当のことを明かすわけにもいかなかったが、井上はカーネル・サンダースに心からお礼を言わずにはいられなかった。

とはいえ福太郎が、肝臓にふたつの腫瘍、脾臓にも腫瘍をかかえた高齢犬であることは変わらない。体調が良い日もあるが、なにやら大儀そうな日もある。突然ガクンと状況が変わってしまう可能性は、常に想定内だ。福太郎と過ごせる穏やかな時間は、もはや期限付きといってもよかった。

せめて四月のお花見までは。

せめて七月の自分の誕生日までは。

せめて十一月の福ちゃんの誕生日までは……。

そんな飼い主の願望に応えるように、福太郎は生き続けた。しかし、身体の衰えはあきらかに進んでいった。後肢の踏ん張りがきかず、次第に粗相することが増えていった。福太郎の寝具を洗濯するため、井上家の洗濯機は回りっぱなしの状態で、時には飼い主の寝具も丸ごと使えなくなってしまう夜もあった。

ほとんど目が見えなくなっているとわかったのは、福太郎の十六歳の誕生日が過ぎたあたりのことだ。正面から見ると瞳が白濁していて、白内障がかなり進んでいるようだった。

妻の美津子が異変に気づいたのは、それから半年ほど経ったときだ。夜中、福太郎の姿が見えないと思ったら、玄関に向かってポツリと座っていた。

「福ちゃん、どうしたの？」

こんなことは初めてだった。

外に出て、かつてのように走り回りたいのだろうか……。飼い主としては、そんな愛犬の気持ちを想像することしかできなかったが、後で考えればそれは認知症の初期段階の可能性もあった。

まもなく夜中の徘徊がはじまった。しばらくは夜中の二時、三時でも外に出して、家の裏手の公園を歩かせて欲求を満たしていた。だが秋になる頃には、いよいよ足腰が弱り歩けなくなった。

夜鳴きをするようになったのは、それからまもなくのことだ。犬という動物は「動きたい」「歩きたい」という基本欲求があり、それが満たされなくなると強いストレスを感じるといわれている。なぜ自分は自由に歩くことができないのか？　それを理解できないことが、不安や不満につながってしまうのだ。

足腰が弱っているとはいえ、福太郎は食欲もあってエネルギーは衰えていなかった。這ってでも動きたがり、家のなかをグルグルとまわり続けた。夜鳴きの声もかなり堂々としたもので、時には叫び声に近いこともあった。

このままでは、近所から苦情が来てしまう！　そう思ってなだめるように優しく声をかけながら、飼い主も四つん這いで移動を介助した。福太郎が少しずつ落ち着いてきて、やがて寝息を立てはじめるのはいつも明け方近くだった。

こうした状況は老犬介護ではめずらしくなく、そして飼い主にとってはもっともハードな局面といってもいい。

なるほど、こういうことなのか……。

『Shi-Ba』創刊当時から、老犬介護のルポは何度も扱っていた井上だが、それが実際にどれほどのものなのか体験してようやく理解することができた。たとえ隣人に「吠え声は気にならない」と言われても、本当は迷惑をかけているのではないかという想いは、完全に心から離れることはない。

さらに眠れない状況が続くと、心身ともに疲弊していく。こうした負担は、主に自宅にいる時間が長い美津子にのしかかった。仕事を終えて帰宅した井上が深夜に世話をすることもあったが、複数の雑誌をタイトなスケジュールでまわしていく立場から、割ける時間はどうしても限られてしまう。

歩行補助のための介護用品を購入したのは、福太郎の歩けないという苛立ちやストレスを少しでも緩和できればと考えたからだ。

さっそく装着すると、ゆっくりと歩くことができた。犬は後肢から弱るケースがほとんどなので、介護用品で腰を支えれば前肢の力で前進が可能になる。井上が車で公園まで連れていき福太郎を歩かせると、穏やかで楽しげな顔つきになった。やはり犬は土や草の上を歩くことが大好きで、そしてこうした刺激が絶対に必要なのだ。

こんなに喜ぶのなら、もっと早く買ってあげればよかった。満足そうな福太郎を見て、井上は少しだけ後悔した。

子犬時代に必要なことが犬によって違うのと同じように、高齢犬ライフに必要なものも犬それぞれで違う。愛犬が何を望んでいるのか？　そのすべてを理解するのは難しい。だがひとつ、子犬時代と圧倒的に違うことがある。それは共に歩んだ年月があるという事実だ。これまで築いてきた信頼関係をベースに、福太郎があきらかに自分たちを頼ってくれていると思うと、井上は飼い主として嬉しかった。

介護用品があるとはいえ、福太郎はそう長くは歩けない。しばらくすると、ねだるような目をして井上を見上げる。抱き上げると、福太郎はなんともいえない甘えた表情になった。

＊

三十をいくつか過ぎる頃まで、井上は知らない人間と話をするのが苦手だった。

初対面の相手と言葉を交わすのがとにかく億劫で、ちょっと気に入らないことがあると二度と話さないということもめずらしくなかった。相手が近づいてくると距離を置き、きっぱりと関係を切ることもあった。そして気分は、いつもピリピリと苛立っていた。

なぜ他人と話をしなければならないのか？　世間話や雑談をする意味は何なのか？　かつての井上はその意義がよくわからなかったし、理解しようともしなかった。

それが自分にとっていかに大きな損失で、つまらないことなのか。わかるようになったのは、福太郎と出会ってからだった。

犬と一緒に近所や公園を歩いていれば、犬を連れている人に挨拶をされる。最初は咄嗟に声が出なかった。控えめに会釈するのが精一杯だったが、やがて何度か顔を合わせるうち少しずつ言葉を交わすようになっていった。主な話題は、もちろんお互いの犬のことだ。

健康管理や季節に応じたケア、評判の良い動物病院の情報、フードやおやつ選び、そして子犬から若犬にかけてのやんちゃ盛りに必須のしつけのことなど。新米飼い主だった井上にとって、近所や公園で出会う人々は何でも親切に教えてくれるアドバイザーであり、いつしか愛犬の自慢話を遠慮なく披露しあえる〝犬バカ仲間〟になっていた。

共通しているのは、愛犬を心底大切にしているという点だけ。性別や年齢、職業、社会的な立場などもバラバラだ。犬を通じて親しくなった人が、実はある業界の著名人だという話を小耳に挟むこともあったが、福太郎を介したつき合いをしている限り、そんなことはほぼ無関係だ。

学生時代を含めて、ここまでフラットな関係が成立する世界は、井上にとってまったく初めてのことだった。

そんな犬バカ仲間との交流をきっかけに、井上はやがて他人との距離のとり方が少しずつわかってきた。きっかけがあれば、言葉を交わす。なんとなく馬が合うと感じ、気づくといつのまにか雑談を楽しんでいる。

たわいもないことのように見えるが、こうして積み重なった時間を振り返ってみれば、それが自分の人生をいかに豊かなものにしているかがわかるのだ。

犬は年老いると、若い頃とは違った味わいが出てくる――。それはかつて井上が、先輩飼い主に言われたことだ。福太郎が若かった頃はよくわからなかったが、今となっては「ああ、これなのか」と深く納得できる。

＊

なぜ福太郎の背中が濡れているのだろう？

井上が気づいたのは、福太郎が十七歳の誕生日を迎えた翌月のことだった。タオルで拭いても、しばらくすると背中周辺の毛が濡れている。どうやら皮膚から体液が染み出ているようだ。ただごとではないと、急いで動物病院に連れていった。

獣医師の診断では、皮膚組織の劣化が著しく壊死（えし）しかかっているという。こんなことはレアケースだが、どうやら肝臓や脾臓の腫瘍の影響のようだ。積極的な治療の方法はなく、とにかく患部を清潔に保つしかない。

その日から、病院通いが始まった。

福太郎を病院に連れていくのは、出勤前の井上の役目だ。診察時間は朝九時からだが、長い待ち時間で福太郎に負担をかけたくない一心で、毎朝一番を狙って十分前に到着するようにした。

こうして毎日、患部を消毒して新しい包帯と交換してもらうのだが、なかなか良くならない。それどころかむしろ皮膚組織の劣化は進む一方で、やがて背中には大穴といっても大げさではないものができてしまった。こうして迎えた年末年始は、ほぼ病院通いのうちに過ぎていった。

不幸中の幸いは、その傷が福太郎に激しい痛みを与えるものではなかったことだ。天気の良い日、井上は病院からの帰り道にたいてい馴染みの公園に立ち寄った。

新鮮な空気を吸って太陽の光を感じると気分がいいのだろう、福太郎は、病院にいるときよりもはるかに穏やかな表情になった。並んで座っているだけだが、井上は幸せを感じずにはいられなかった。稀に体調が良いと、福太郎は立ち上がろうとすることさえあった。数歩だけだが歩くこともできた。力が入らずに転んでしまうこともあったが、柔らかな芝生に身体を委ねると、それはそれで満足そうな顔をするのだった。

今年の桜は難しいかもしれない。

平成二十八（二〇一六）年二月、そう思った井上は公園に家族で出かけることにした。まだ気温が低くモノトーンの風景が広がるなかで、一角だけ華やかなピンクの花が咲き誇っていた。そこだけ春が舞い降りたような、とても美しい光景だった。

花に疎い井上が、その花が早咲きで有名な河津桜（かわづざくら）だと知ったのは、美津子のおかげだ。二年前、福太郎が十五歳で〝奇跡の生還〟をとげたときに教えてもらって以来、井上家のお花見は、二月の河津桜、四月のソメイヨシノと毎年二回が恒例になっていた。

ゴールデンウィークを過ぎて、獣医師から「もう通院はしなくていい」といわれた。

福太郎の背中の傷は小さくなりつつあって、自宅で包帯の交換をすれば対応できるほどになっていた。毎日の通院は犬にも飼い主にもやはりせわしなく、それがなくなったことでようやく静かな時間が戻ってきた。

福太郎の定位置は、リビングのすぐ脇の和室の窓際だ。毎日大量の洗濯物が出る生活は相変わらず続いていたが、美津子はいつも福太郎の寝具がきれいな状態になるように気を配った。洗い立てのタオルや毛布などで寝床を整えると、福太郎も心底気分のよさそうな顔をした。

その日は、朝から快晴だった。

「福ちゃん、行ってくるねー」

出勤前の井上が、横になっている福太郎に顔を近づけた。すると福太郎は鼻先をあげて、井上の顔をグイと押し戻した。ベタベタするのは嫌いという意味だ。どんなに年を重ねても、柴犬らしい意思表示は忘れない。

福太郎が寝息を立てている和室の窓からは、さわやかな初夏の風が吹き込んでいた。冷蔵庫の食材を見た美津子がコロッケをつくろうと思ったのは、昼過ぎのことだ。形を整えて衣をつけて油に入れると、ジャッという軽快な音がキッチンに響いた。

美味しそうな香りは、まもなくリビングから和室へと広がっていった。福太郎の異変に美津子が気づいたのは、その少し後のことだった。

平成二十八（二〇一六）年五月二十五日、午後二時すぎ。

福ちゃんが、息してない――。携帯に入ったメッセージを読んだ井上は、編集部を飛び出した。

＊

井上が自宅に戻ったとき、福太郎はすでに事切れていた。

「福ちゃん……」

抱き上げると、キューと甘えたような声を発した。おそらく肺に残っていた空気が、気道から漏れたのだろう。そう考える一方、死に目に会えなかった自分のために声を聴かせてくれたような気がしてならなかった。

いつも料理をするのは夕方遅い時間になってからなのに、なぜ今日に限って昼間からコロッケを揚げていたのだろう。美津子は泣きながら戸惑っていたが、それはおそらく福太郎が望んだことなのだと井上は思った。

「アイツ、揚げ物の匂いが大好きだったから。コロッケを揚げる音を聞きながら逝くなんて、福ちゃんらしいよ！」

夫婦でいるときは何とか耐えたが、ひとりになると涙があふれた。

井上が風呂に浸かっていると、目前の浴室の壁に福太郎がはっきりと浮かび上がってきた。心霊現象というのは自分の見たいもの、願望がカタチとなってあらわれるものなのだ。そんなことを考えながら、しばらくのあいだ愛犬の姿から目を離すことができなかった。

パチンコ雑誌の編集長の立場を追われ、組織変革の波にのみこまれるようにして数年が経ち、気づくと社内には居場所も味方と呼べる人間もいなくなっていた。人生の崖っぷちだったあの頃、あわや自暴自棄になりそうになるなかで、どうにか踏ん張れたのは福太郎がいたからだった。

犬が好き、柴犬が好き、というよりも福ちゃんが大好き！　その気持ちを支えに、せめて編集者人生の最後に思いきり好きな企画を実現させようと夢中で突き進んだのだ。

絶対に売れます!!

運命のあの日。社長と重役が勢揃いしたプレゼンの席で『Shi-Ba』創刊に向けた説明をする井上のなかに、迷いは微塵(みじん)もなかった。だがその言葉にどれだけの信憑性(しんぴょうせい)があったのか、今となっては説明のしようもない。

編集者やライター、カメラマン、デザイナーなど、一緒に仕事ができるメンバーと少しずつつながっていき、創刊に向けた企画会議をくりかえした。時にはお互いの意見を激しくぶつけ合うこともあった。

ようやく完成した創刊号の表紙を飾ったのは、唐草模様のバンダナを首に巻いてご機嫌な表情でポーズをとる福太郎だ。思わず笑ってしまう脱力感たっぷりのデザインは、これまで多くの人々が抱いていた凛々しく気骨に満ちた日本犬のイメージと百八十度違うものだった。

あれから十五年が過ぎた。

犬についての知識や経験、愛犬情報誌の編集者としてのスキルは、当時の何倍にもなっている。だが井上にとって、創刊号だけはいまだに超えられないという想いが強かった。

個人的な思い入れはもちろんだが、なにしろ編集者としてあれほどのエネルギーを叩き込んだ本はなかった。そこには、あの頃の自分が『Shi-Ba』の編集長として成長していくために、絶対に揺らいではならない原点が詰め込まれていた。だから井上は、自分のなかで迷いや疑問を感じるたびに創刊号を読み直した。

福ちゃんがいなかったら今ごろ俺、どうなってたんだろう……。愛犬との日々を振り返るほどに、井上は人生の激変ぶりに驚愕しないではいられなかった。

＊

お別れは、馴染みの公園でおこなうことになった。移動可能な火葬車で見送ることになり、それなら福太郎にもっともふさわしい場所にしようということになったのだ。

火葬のあいだ、夫婦は車で待機した。

ここにあるのは、楽しい想い出ばかりだ。車を停めている駐車場の横は芝生の高台になっていて、そこは福太郎のお気に入りのトイレスポットだった。駐車場を見下ろす位置で腰を下げて後肢を踏ん張る柴犬の姿は、実に堂々としていて気分が良さそうで、飼い主としていつ見ても惚れ惚れした。尻からひり出した健康そうな艶やかなブツを見たときのガッツポーズしたくなる気持ち、それをナイスキャッチする充実感は、福太郎と暮らして初めて知ったものだ。

エンドレスで続くボール投げ、思いきり走って汗だくになる爽快感、犬バカ仲間との出会い、季節の変化を感じながら黙々と歩く時間、弁当をつくって出かけるお花見、今でも不思議に思う東日本大震災の日のこと、そして長く続いた通院の帰りの静かな時間。ここには数えきれないものがあった。

想い出の場所は、もちろん公園だけではない。

福太郎が子犬時代に剝がしたリビングの壁紙は、今も当時のままだ。新築の家がわずか三か月で立派な中古物件になり、井上が「いいじゃん、これで！」と腹をくくるきっかけになった記念すべきものだ。

その後、庭に植えた草花はすべて掘り返され、和室の縁側も七割近く破壊されて今やわずかしか残っていない。庭と室内を行き来するうちに、足拭きが追いつかなくなって自由に出入りさせるようになった。

壊れても気にしない、汚れたら掃除すればいい。そう思うようになったことで、井上は犬との生活を本当の意味で楽しめるようになったのだ。

福太郎に救われたと思うことも多かった。まだ福太郎が若犬のとき、些細なことをきっかけに夫婦で言い争いになった。当時の井上は仕事の先行きが見えず、精神的に苦しい時期でつい口調がきつくなりがちだった。一方、美津子も負けていなかった。いつのまにかヒートアップして、お互いに激しい言葉をぶつけ合っていた。

しばらくして、福太郎の姿が見当たらないことに気がついた。

名前を呼びながら家中を探すと、二階の部屋で布団に頭を突っ込んで震えていた。愛犬の怯えた姿を見て、夫婦は大きなショックを受けた。犬は徹底した平和主義の生き物で、そんな彼らにとって飼い主が争うことは恐怖以外の何ものでもないのだ。愛犬を悲しませるなんて、飼い主として絶対にやってはいけないことなのだ！

そう理解したものの、時にはピリピリとした空気になることもあった。そのたびに福太郎は二階へ避難した。また、やってしまった……。何度か反省するうちに、やがて争い事を回避するパターンができあがっていった。不満があっても相手には言い返さない。かわりに福太郎に同意を求めるように「わかってないよねー」などと語りかける。そうしているうちに、問題の多くは争うまでもない些細なことだと気づくのだ。

今こうして『Shi-Ba』の編集長として仕事ができること、そして安心できる家庭があること。そのすべては福太郎のおかげといっても、まったく大げさではなかった。

＊

福太郎、昇天――。

訃報が伝わると、関係者や読者から一斉に連絡が入りはじめた。特に創刊当時から福太郎を知る者にとっての悲しみはまったく他人事ではなく、哀悼のメッセージがひっきりなしに届けられた。

晩年はさすがにモデルの仕事は引退していたものの、スタッフ犬一号の福太郎は『Shi-Ba』の顔であり象徴だ。献花のなかには「辰巳出版・福太郎様」の宛名のみのものがいくつかあったが、それらはすべて速やかに『Shi-Ba』編集部に届けられた。

平成二十八（二〇一六）年発行『Shi-Ba』九月号、井上は編集後記に福太郎へおくる言葉を掲載した。

スタッフ犬1号、前へ。本日限りで地上勤務の任を解く。明日からは全国の犬たちと飼い主さんを見守るため天上勤務を命ず！

それは『Shi-Ba』編集長の立場からスタッフ犬におくる、最後の指令だった。すると井上の耳に、何やら不満そうな声が聞こえてきた。

「え〜、神様にしこたまボール投げさせて、終わったら初めてのカレーやマーボー豆腐をおごらせようと思ってたとこだったのに〜！」

さすがは福ちゃん、自分の好きなことについては主張を忘れない。食べ物に関しては、ケンタッキーフライドチキンのオリジナルチキンだけでなく、その後は馬刺で復活を遂げたこともあった。しかし、犬として生まれてきたばかりに、この世では味わえずに終わったものもたくさんあった。

井上は、心のなかで福太郎に語りかけた。

福ちゃん、これからは神様にたくさんボールを投げてもらって、旨いものをたらふく食え。でも、たまには天上勤務も忘れずにな。俺はこっちの世界で『Shi-Ba』をつくり続けるよ。オマエと一緒につくってきたこの本には、まだまだやることがたくさん残っているから。

さらば、福ちゃん！　ありがとう、今まで本当にありがとう！

十七歳六か月の生涯を堂々と生き抜いた愛犬に、井上は何度もお礼を言った。

＊

できた〜！

井上は、数日ぶりに大きく息をはいた。この日は『Shi-Ba』の校了日だ。すべての完成原稿を印刷所に入れたら、あとは発売日を待つばかり。毎度のことだが、雑誌一冊つくるのはなかなかハードだ。だからこの瞬間は、編集者にとってもっとも脱力できる至福のときといってもよかった。

福太郎を見送った後、井上の心の隙間を埋めたのは〝次男と長女〟である猫の福次郎と幸子だった。元気でかわいらしい姿を見ると自然と笑顔になれたし、動物を撫でているときの温もりや安心感は何ものにもかえがたい。

特に雌猫の幸子の愛らしさは絶品で、井上は〝幸ちゃんと結婚することが将来の夢〟と口ばしるほどだった。愛犬亡き後、井上は愛猫ライフにドップリと浸かっていた――と言いたいところだが、久しぶりすぎる愛犬不在の生活は妙に間延びしたものに感じられてならなかった。

あ〜、福ちゃんに会いたいなぁ……。

これまでに何度、この言葉を心のなかでつぶやいただろう。

福太郎がいたときは、朝はどんなに眠くても寒くても散歩に出かけた。そのおかげで井上は、特に意識していなくても規則正しい生活を送ることができた。だが散歩の必要がなくなると、目が覚めても二度寝、三度寝をくりかえしてしまう。日常生活のなかで歩く距離も格段に減り、近所の買い物にもつい車を使うことが多くなる。

特に寒さが厳しい季節は、外に出て身体を動かすことがますます億劫になった。犬が喜ぶと思えば降雪も楽しみだが、それがなければ厄介なだけだ。冬はひたすら、寒さが心と身体にこたえるばかりだった。

ペットロスは否めなかったが、編集長という立場からいつまでも放心してばかりもいられない。福太郎と交わした約束――『Shi-Ba』をつくり続けるというのは、多忙のなかで流されていくという意味ではないからだ。特に気合いが入りはじめたのは、平成三十（二〇一八）年を意識するようになった頃のこと。それは犬バカにとって特別な年、十二年に一度めぐってくる戌年だ。

犬が主役の年と考えるだけで、井上は心躍った。はやる気持ちが抑えきれず、平成二十九（二〇一七）年十一月号の表紙コピーで〈待ちきれないから今日から戌年ね！〉と早々と宣言したほどだった。それからまもなく、『Shi-Ba』編集部にとって特別な瞬間が訪れた。

ついに『Shi-Ba』は創刊百号を迎えることになったのだ。

できた、できたぞ……！

井上は、もう一度心のなかでつぶやいた。平成十三（二〇〇一）年の創刊号から数えて、つまり校了もこれで百回目ということになる。我ながらよく続いたと思う。だが編集長としては、感慨よりもすでに別の想いがあった。

をしたのだ。

創刊百号を記念して、これまで続けてきた『Shi-Ba』の方向性を大きく変更する決意をしたのだ。

この雑誌が生まれた当時、この国で暮らす柴犬をはじめとする日本犬たちは今とはまったく違う生活をしていた。ようやく室内で飼われるようになったとはいえ、それも全国的にはまだ半数程度といったところ。飼い主と一緒にカフェに出かけたり、旅行を楽しんだりする日本犬はわずかだった。洋服を着せるという発想を持つ飼い主は皆無で、だから創刊号のグラビア撮影で福太郎がスーパーマンの衣装に身を包むと、それに気づいた道行く人々は爆笑した。

しかし、時代は変わった。

今やインスタグラムなどSNSの世界には、面白くてカワイイ犬たちの画像があふれている。コスプレ風の衣装などまったくめずらしくなく、本当に衣装を着ているのかコラージュなのか判然としないモノも多い。愛犬の気持ちを想像したセリフをつけた投稿などは、もはや定番だ。

これまで通りのコンセプトで『Shi-Ba』が新鮮な話題を読者に提供し続けることは、もはや難しくなっていた。福太郎が表紙を飾った創刊号は、これまでの『Shi-Ba』にとってバイブルといってもよかった。だが約十七年の時を経て、いよいよ新しい道を進むときがきたのだ。

創刊百号の記念特集のタイトルは〈柴犬が日本人の最高の相棒である100の理由〉に決まった。企画の趣旨は〝本来、日本犬とはこういうものである〟という原点的な魅力に目を向けることだ。

記事は犬バカの知的好奇心を刺激する専門的な話題をわかりやすく掘り下げた内容で、それに合わせた写真は硬派な香り漂うものを中心にセレクトした。誌面に登場するのは、今どきのインターネットではなかなかお目にかかれないムードに満ちた犬たちだ。

オレはオレ、ワタシはワタシ――そんな彼らの心の声が聞こえてきそうなショットからは、静かな自信と独立心がジワリと伝わってくる。骨太な空気に包まれた『Shi-Ba』百号のコンセプトは、つまり創刊号とは正反対のものだった。

平成初期からしばらく、日本犬は誤解されやすい状況のなかにいた。愛想がない、素っ気ない、身勝手、さらには怖い、獰猛(どうもう)など、あきらかなネガティブワードとともに語られることがめずらしくなかった。それらはまったくの誤解なのだが、当時はその根拠を示す言葉を見つけることが難しかった。彼らのプリミティブな魅力にスポットをあてることは、さらなる誤解を生んだり、飼い主の勝手な思いこみを助長する危険性もあった。

だが動物行動学や認知科学など各専門家による研究が進んだ今、日本犬にまつわる疑問や謎には、かつてとくらべて論理的なアプローチもできるようになった。

たとえば日本犬はしつけが難しいということについても、洋犬と同じ方法ではなく日本犬にマッチした内容にすれば問題はない、という動物行動学の専門家もいる。日本犬の特徴のひとつは、コミュニケーション能力を備えながら飼い主に依存しないこと。ベタベタしないが人間の意思をきちんと理解できるというのは、品種改良を重ねて発展してきた洋犬とは決定的に違うものだ。今、そうした犬種による性質や性格の違いが、科学的に検証され広く浸透してきている。飼い主たちの知識や認識も、かつてとくらべて大きく飛躍したのだ。

この百号記念特集で、あらためて指摘された日本犬の特徴がある。それは①少しシャイで感情表現が控えめ、②過度なスキンシップを好まない、③親しさのランクで態度を変える、④身についた習慣を変えたがらない、などだ。

それらは我々日本人の特徴と見事に重なっている。ハグの習慣のない国の犬と考えれば、なんだか妙に腑に落ちる。昔は一部の犬好きのあいだでのみ語られていたことだが、それらは今や研究機関の専門家のあいだでも事実として認められるようになったのだ。

大幅なリニューアルは、創刊号からの卒業といってもよかった。ここから新しい『Shi-Ba』が始まるのだ。とはいえ今までのお笑い路線も健在だ。知的で硬派な話題を網羅すればこそ、馬鹿げたネタがキラリと光る。この決断がどんな結果になるのか？　読者はどう感じるのか？　発売前の今は、まだまったくわからない。

だが変わらないではいられない、変わるべきときがきた、と井上は思ったのだ。

表紙デザインは『Shi-Ba』のロゴの下に、真っ赤な100の文字をドカンと置いた。その前に複数の柴犬がコラージュで登場することになった。真ん中には茶色の柴犬の成犬が堂々とおすわりをした。その両脇にはムクムクとした黒柴と白柴の子犬たちが、小さいながらも気合いの入った面構えで鎮座した。

そして井上の個人的な欲望は、創刊から百号を迎えてもまったく衰えていなかった。

「さすが福ちゃん、やっぱいつ見てもカワイイな〜！」

なんと『Shi-Ba』百号の表紙でも、ピカリと輝く笑顔の福太郎が登場することになったのだ。こうして四頭の柴犬たちが並ぶなか、その一番右端にもう一頭が加わることになった。

それは生後四か月にして、妙に貫禄のある顔つきの福三郎(ふくさぶろう)という柴犬だった。

子犬の飼い主は誰なのか？　名前から容易に推測できるわけだが、それはまた別の話だ。

『Shi-Ba』100 号表紙

おわりに

いつの日か、この国の愛犬事情と経緯がわかる、犬現代史的な本を書いてみたい……。それまで漠然としか考えていなかったプランについて、もしかしてそのタイミングが来たのかもしれないと思ったのは、そろそろ平成という時代が終わる可能性があるらしいと知ったときでした。

犬と親しんだ子ども時代を経て、私が初めて自分の責任で犬と暮らすようになったのは平成初期のこと。まもなく文筆業をはじめ、人と犬をテーマにした記事を書くためにあちこち取材するようになりました。

それから現在まで、プライベートでも仕事でも、犬とのつき合いが途切れたことは一度もなく、また犬のことを考えなかった日はたぶん一日もありませんでした。いやむしろ、犬のことで頭がいっぱいだった日の方が多かったような気がします。

平成のほとんどを公私ともに、犬ワールドにどっぷり浸かって過ごしてきた私もまた、平成の時代に生まれた〝犬バカ〟のひとりだったのです。

平成の三十年間で、日本人と犬の関係は大きく変わりました。これほどの変化は、おそらく日本史上でも初めてのことです。犬の社会進出といったらちょっと大げさかもしれませんが、それでは昭和の犬事情に違和感を抱かない人が、今どれだけいるのかと考えると、やはり犬たちの社会的な地位向上はめざましいものがあります。

これはつまり、日本人の考え方や習慣、常識が大きく変わったということです。

でもその経緯は、ほんの少し時代が流れただけで驚くほどわからなくなってしまいます。愛犬ライフのようなパーソナルな要素が強い事柄は、正式な記録に残りにくいうえ、個人的な記録をさかのぼっても、その内容が平均的なのかレアなのか判断するのはなかなか難しいのです。

かつて戦前から戦後へ、昭和の時代の犬と飼い主について数多くの資料にあたったことがあるのですが、具体的なエピソードや当時の時代感覚がわかるものは本当に限られていました。

そうした経験もあって、平成時代を生きた犬と日本人、それをとりまく社会環境についてまとめる価値があるのではないか、と思ったのです。とはいっても、年表を追いかけるように現代史を綴ったところで、愛犬事情の変化とその背景はなかなかわかりません。なぜなら、とにかく関連する事柄が多いのです。

ざっとあげただけでも、飼育環境やグッズ、住宅事情、獣医療、栄養学とペットフード、しつけトレーニング、外出・旅行などのレジャー、高齢化と介護、ペットロス、ペットビジネス、動物関連の法律、動物愛護と動物福祉、ペット防災、犬の認知科学、動物行動学など、様々なジャンルが複合的にからみあっています。しかも、いずれの分野でも現在進行形で進化や議論が続いています。事実を丹念に掘り下げることは大切ですが、このままでは犬現代史をまとめるどころか、読者に混乱と困惑を提供するだけの本ができあがってしまうと思ったのです。

なにより著者である私にとっても、これではなんだか面白くありません。

もっともスポットを当てるべきなのは、平成の時代に生まれた〝犬バカ〟と呼ばれる飼い主と愛犬のリアルです。

なにしろ犬との生活は楽しい！　徹底的に犬と向きあいながら、思いきり笑ったり、走ったり、考えたり、想像をめぐらしたり、バカをやったり、癒されたり、ワクワクしたり、悩んだり、スカッとしたり、発見したり、ジワジワと幸せを感じたり、時には「テキトーでいいじゃん」と開き直ったり、そして涙することもある。

そんな愛犬ライフのすべてを力の限り味わいつくそうとする人々と、一緒に平成時代を走りながら気がつくと、日本の犬現代史がまるっとわかってしまう、そんな本を書きたいと思いました。

そのとき頭に浮かんだのが『Shi-Ba』でした。創刊から間もない頃に二、三度仕事をさせてもらったことがあり、なかでも井上編集長については忘れがたいエピソードがありました。

それは平成十七（二〇〇五）年、私が『愛犬王　平岩米吉伝』という作品で第十二回小学館ノンフィクション大賞を受賞したときのこと。授賞式当日、井上編集長は自ら会場に足を運んでくださったのですが、ちょっとご無沙汰の再会であったにもかかわらず、本人の口から愛犬の名前が出るまで数秒とかかりませんでした。

「ウチの福ちゃんさ、前からすごくかわいかったけど、最近ますますかわいいいんだよねー！　夏休みには福ちゃんと〇〇に旅行して、ものすごく楽しかった。最高だったよ！」

正確には覚えていないけれど、たしかこんな感じだったと思います。

こちらが言葉をはさむ暇もなく、嬉しそうに福ちゃんエピソードを一通り語り終えると、「じゃ！」といって風のように去っていったのです。

躊躇ゼロで愛犬の自慢話を開始するスピード感、ウチのコが世界一と公言する揺るぎない姿勢、迷いのない言葉選びなど、どこをとっても超一流の犬バカだと思いました。

私も犬の話がはじまるとつい夢中になってしまうけれど、とてもかないません。あっけに取られながらも、さすが『Shi-Ba』の編集長だと感心したのです。

あれから十数年を経て、これまで数々の犬好き、犬バカと話をする機会がありましたが、ある意味で井上編集長ほど狂気を感じさせるレベル（もちろん褒め言葉）の犬バカと出会うことはありませんでした。

久しぶりに連絡をとってあらためて創刊当時の話などを訊いてみると、福ちゃんを表紙にしたいがために愛犬雑誌をつくったことをはじめ、予想以上の事実が次々に飛び出してきて驚きました。そして編集部に集う人々もまた、編集長に負けず劣らずの犬バカぶりを発揮していました。スタッフの愛犬たちが『Shi-Ba』専属のスタッフ犬として大活躍するあたりは、なんだか小説や漫画みたいですが、すべて誇張なしのリアルなエピソードには絶大な骨太感が溢れていました。

多くの犬バカと愛犬たちが集う愛犬雑誌の編集部は、常に社会の動向とリンクしている場所です。平成の犬現代史をたどるうえで、これほどふさわしい舞台はほかにない！そう考えた私は、あらためて井上編集長に取材のお願いをしました。関係者のインタビューをはじめ、過去資料の閲覧から撮影現場潜入にいたるまで、本書は『Shi-Ba』編集部の全面協力のもとで生まれたといっても大げさではありません。

編集部の方針のひとつが〝犬のことは犬に訊け〟なのですが、そのおかげで、犬バカのひとりとして深い共感と安心感のなかで取材・執筆を進めることができました。創刊からこれまで、誌面に一貫している弾けたセンスの数々には、何度も笑いながら同業者として多くの刺激も受けました。

井上編集長をはじめスタッフ、関係者の皆さんには、この場をお借りして心からお礼申し上げます。本当にありがとうございました。

平成の犬現代史を語るためには欠かせない〝犬の世界を変えた業界〟に関わる多くの方々にも、インタビューさせていただきました。日本の犬の状況は、今だけを見れば「いつのまにか」という印象を受ける人がほとんどだと思います。でも実際は、それぞれの事柄にたくさんの人々のアイデアと熱意が関わっているのです。彼らが各分野で活躍するプロフェッショナルであり、同時に犬バカ（時には猫バカも含まれます）であるという事実は、注目すべき史実のひとつといえるでしょう。

向上したとはいえ、愛犬およびペットをとりまく事情は、まだ多くの課題を抱えています。そのなかには平成の時代になって、新たに生まれた問題もあります。そして犬は家族といいながら、それが社会全体にどれだけ浸透したのかを考えると、いまだ不十分なのは言うまでもありません。

動物を大切にする社会をめざすと、結果的には人間にとっても寛容で心地よい社会ができるといわれています。新しい時代が、この国の犬そして多くの動物たちにとって、よりよいものになることを心から願ってやみません。

平成三十年秋

片野ゆか

文庫版あとがき

編集長の井上さんから予想外の報告があったのは、本書が単行本として書店に並びはじめてまもなくの平成三十（二〇一八）年、暮れのことでした。

「このたび、『Shi-Ba』を卒業することになりました」

え、なんの冗談……？ 卒業って、それ本気ですか～!?

聞いた瞬間、それはもう驚きました。なにしろ『Shi-Ba』は井上さんの分身、という か脳内そのものというイメージしかなくて、まさか分離可能だなんて想像すらしていなかったのですから。

卒業の理由を訊くと「会社での地位が高くなるにつれて、やり続けたいと思っていた現職場より、やりたくなかった管理職の比重が増えてモヤモヤしていて、そのタイミングで創刊一〇〇号。その後、じっくり振り返ってみたら、自分のできるすべてをやり切った！ という気持ちが拭えなくなった」といいます。もったいないという言葉が浮かんだものの、すでに天国支部で暮らす福太郎くんにも報告済みらしく、ご本人の決意はかなり固いようでした。

このニュースは、これまで『Shi-Ba』を支え続けてきたスタッフにも大きな衝撃を与えました。「ひとつの時代に区切りがついてしまった」「愛着のある母校を失うような気分」など寂しさを口にする人がいる一方、「でも、もともと会社員らしくない人だったからねぇ」と大きな決断に驚きつつも、納得するメンバーも少なくありませんでした。

あれから二年半余り。

その後、『Shi-Ba』はどうなったのか？

「井上さんの卒業を知ったとき、絶対に『Shi-Ba』を続けたい！　と思いました」というのは当時、唯一の専属編集部員で、現在は編集長の打木歩さんです。

入社八年目で三十代になったばかりだった彼女にとって、ぼっち編集長になることに不安ゼロではなかったものの、それでも楽しくて役に立つ情報を日本犬が大好きな飼い主さんに届け続けたいという想いから継続を決意したのです。

想定外の事態がおこったのは、お馴染みのスタッフに支えられながら、ようやく新体制に慣れてきた令和二（二〇二〇）年の春のこと。新型コロナウイルス感染拡大によって、緊急事態宣言が発令され、人の行き来や接触が極端に制限される生活が始まったのです。そのため日本犬と暮らす飼い主さんを取材することができなくなってしまい、これはビジュアル要素が重要な『Shi-Ba』にとって大打撃でした。

それでも締め切りは、期限通りにやってきます。撮影ゼロで愛犬情報誌がつくれるのか？　いや、なんとしても発行しなければならない！　そんな状況のなか、打木さんが注目したのは膨大な写真の存在でした。

「井上さんは〝かわいくて一枚たりとも捨てられない〟といって、取材先で撮影した犬の写真を大切に保管していました。それらを利用して新しい企画を考えたんです」

従来の雑誌編集部では、ある程度の期間が過ぎれば撮影した写真は処分されてしまうものですが、初代編集長の犬バカ魂が窮地を救ってくれたのです。

撮影はできないけれど、飼い主さんに電話やオンラインでインタビューをして、おかげでコロナ禍でも表情豊かな日本犬が賑やかに誌面を飾るいつもの『Shi-Ba』を刊行させることができました。

現在は「読者さんとスタッフの安全を守るため、取材や撮影は、基本的に庭先や公園、お散歩コースの河川敷など屋外のみでおこなっています」という打木さん。制約があるなかでの取材について、多くのスタッフが口にするのは「せっかく犬が嬉しそうに近づいてきてくれるのに、ワシャワシャ撫でられないのがとにかく辛い」です。犬たちと仲良くなることは、愛犬雑誌の取材に必須事項で、最大のお楽しみでもあります。

感染対策徹底のためには仕方がないとはいえ、それができない辛さは私もよくわかるだけに、今少しだけ見え始めてきた終息への道のりがスムーズに進むことを祈念するばかりです。

そうしたなか、ビッグなお祝い事があったのは今年五月末のこと。

ついに『Shi-Ba』が創刊二十周年を迎えたのです！

表紙は、おめでたい紅白の横断幕をバックにした柴犬の凜々しい横顔のアップ。その上にはゴールドの『Shi-Ba』の文字が輝いています。ちなみに創刊号から使われ続けてきたキャッチコピー「ニッポンの犬とカッコよく暮らす！楽しく遊ぶ！」は、二十年を経た今も健在です。

先日ある飼い主さんから「小学生の時に『Shi-Ba』が読みたくて父親にねだって買ってもらった」という話に感激したという某スタッフ。老舗雑誌にしかあり得ないエピソードが、いつしか『Shi-Ba』にも似合うようになってきました。

「雑誌づくりは毎号何があるかわからない。今は屋外での撮影を徹底しているので天気にも左右されます。でも楽観的なので、きっと今回も大丈夫！　と思ってやっていきます」という打木さん。昨年春からは、犬好きの男性編集部員も新しく加わりました。『Shi-Ba』の一読者でもある私は、これからますますのパワーアップを期待するばかりです。

そして、もうひとつ気になるのは、元編集長の井上さんの現在です。

「どうも、どうも。お待たせ！」

某駅前の喫茶店に現れた井上さんは、Tシャツにジーンズという相変わらずのラフな服装。ひょろりとした長身もそのままに、でも薄っすらと日焼けしていてなんだかやたらと健康そうです。

「お元気そうですね。で、今は何をしているんですか？」

「植木屋。この季節、やたら忙しくてさー」

なんと現在は、造園関係の会社に就職して、数々の専門機械や工具類を使いこなす日々を送っているというのです。てっきり馴染みのある業界のどこかに居場所をつくっていると思っていただけに、これには驚きました。

井上さん曰く、『Shi-Ba』の卒業はつまり出版業界からの卒業です。次の就職先の条件としてあげたのは、①出版業界のキャリアと1ミリもかぶらない、②ワクワクできる未経験の仕事、③現場の最前線にいられる、④『Shi-Ba』の現場取材のようにお客さんの反応をダイレクトに感じられる外仕事、が絶対条件だったといいます。

それらをクリアしたのは「たまたま縁があって、えいや！　と飛び込んだ」造園業界でした。現在の仕事場は、主に公共の公園や施設、学校、時には個人邸での剪定（せんてい）や草刈りなど造園系の業務です。

仕事は朝早く、作業は全て屋外なので特に真夏はかなりハードとのこと。ですが同時に複数の造園関係の資格にも挑戦していて「仕事の合間に勉強もしないといけないから大変だけど、新しい技術を覚えたり、いろんなことにチャレンジできる現場作業はやっぱりいいよね」と楽しそうです。

　ちょっと意外なのは、この状況が『Shi-Ba』立ち上げ直前の感覚に近いという言葉でした。「今の業界では、まだまだ新米だから大変ではあるけれど、何がおこるか予想のつかない未来に、なにげにワクワクしている」といいます。

　でも一番のお楽しみは、やっぱり愛犬との時間。週末の朝は、現在三歳になった福三郎くんとのドッグラン通いをしています。

「サブちゃん、犬友達と会えるってわかるみたいでさ、ドッグランに行く時は、出かける前からすごく嬉しそうな顔するんだ」

　そう話す井上さんも、とても嬉しそうです。

　実は仕事先でも、散歩中の犬と飼い主さんを見かけるとつい話しかけてしまうのだとか。

「ロードコーンを並べていると、よくワンコの視線を感じるんだよね」

「それは、あの作業現場で使う円錐形（えんすいけい）の物体のことですか。マーキングスポットとして犬たちに人気ですよね」

「たいていその後ろで、飼い主さんが〝ダメ！　ダメ！〟と必死に止めてる」

　どちらの気持ちもわかるから、そんな愛犬と飼い主の微笑ましい攻防シーンを目にしたら声をかけずにいられないのだそうです。

犬バカ編集長から、犬バカ植木職人へ……その変貌に驚きつつ〝人は簡単には変わらないけれど、いつだって挑戦はできる〟ということに気づいたのでした。

令和三年夏

片野ゆか

『Shi-Ba』創刊20周年号

主要参考文献（順不同）

『Shi-Ba』辰巳出版、一号（二〇〇一年夏号）〜百号（二〇一八年五月号）
岩合光昭写真、岩合日出子文『ニッポンの犬』平凡社、一九九八年
志村真幸『日本犬の誕生　純血と選別の日本近代史』勉誠出版、二〇一七年
アーロン・スキャブランド著、本橋哲也訳『犬の帝国　幕末ニッポンから現代まで』岩波書店、二〇〇九年
太田匡彦『犬を殺すのは誰か　ペット流通の闇』朝日新聞出版、二〇一〇年
高槻成紀編著『動物のいのちを考える』朔北社、二〇一五年
山路徹と救出チーム編『ゴン太ごめんね、もう大丈夫だよ！　福島第一原発半径20キロ圏内犬猫救出記』光文社、二〇一一年
森絵都『おいで、一緒に行こう　福島原発20キロ圏内のペットレスキュー』文藝春秋、二〇一二年
徳田竜之介監修『どんな災害でもネコといっしょ　ペットと防災ハンドブック』小学館クリエイティブ、二〇一八年
穴澤賢『またね、富士丸。』世界文化社、二〇一〇年
ジョン・ブラッドショー著、西田美緒子訳『犬はあなたをこう見ている　最新の動物行動学でわかる犬の心理』河出書房新社、二〇一二年

ブライアン・ヘア&ヴァネッサ・ウッズ著、古草秀子訳『あなたの犬は「天才」だ』早川書房、二〇一三年
グレーフェ彧子『ドイツの犬はなぜ幸せか　犬の権利、人の義務』中央公論新社、二〇〇〇年
日経サイエンス編集部編『犬と猫のサイエンス』（別冊日経サイエンス）日本経済新聞出版社、二〇一五年
『週刊東洋経済』（特集「みんなペットに悩んでる」）東洋経済新報社、二〇一六年九月十日号
スタンレー・コレン著、三木直子訳『犬と人の生物学　夢・うつ病・音楽・超能力』築地書館、二〇一四年
グレゴリー・バーンズ著、浅井みどり訳『犬の気持ちを科学する』シンコーミュージック・エンタテイメント、二〇一五年
ヴァージニア・モレル著、庭田よう子訳『なぜ犬はあなたの言っていることがわかるのか　動物にも〝心〟がある』講談社、二〇一五年

※本文に記載した雑誌、ＷＥＢサイトについては一部を除き省略

解　説

北尾トロ

いやー堪能した。『平成犬バカ編集部』は、主題のはっきりした正統派ノンフィクションでありつつ、硬過ぎず柔らか過ぎず、自分語りを差し挟んだり話を脱線させることもなく、一定のリズムを刻みながら時系列に沿ってまっすぐに突き進んでいく、片野ノンフィクションのエキスが詰まった本だ。

……読了後の興奮を引きずったまま書き出してしまったけれど、これじゃあ何のことかわからないか。説明します。

片野ゆかさんの著作には犬の本が多い。『愛犬王　平岩米吉伝』で第12回小学館ノンフィクション賞を受賞し、『北里大学獣医学部　犬部！』は漫画化、映画化もされた。動物愛護にも関心が深く、『ゼロ！　こぎゃんかわいか動物がなぜ死なねばならんと？』などの作品も執筆。もちろん本人も大の犬好きである。しばらく前、猟犬と猟師を追いかけた本を書いた関係でトークイベントのゲストに来てもらったことがあるのだが、犬についてならいつまでだって喋(しゃべ)り続けることができそうな知識と経験の蓄積に圧倒されてしまった。

その片野さんが、平成に入ったころから日本人と犬の関係が変わってきたと感じ、「この国の愛犬事情と経緯がわかる、犬現代史的な本を書いてみたい」と思ったのが本書を執筆する発端。この大仕事を成し遂げるため、白羽の矢を立てた取材先が、二〇〇一年に創刊され、いまも人気を保ち続けるわが国で初めての日本犬専門誌『Shi-Ba』だった。

研究者なら文献やデータを駆使しそうなところを、あえてひとつの雑誌に絞り込んで徹底的に掘り下げる。そこから現れるのは一見すると犬現代史の一断面だが、じつは地層のように積み重なった二十年以上の歴史を含んでいる。雑誌は世相を反映するから、『Shi-Ba』の変遷をたどれば、犬を巡る世の中の動きがあぶり出されるのではないかと考えたのだ。

文章にするともっともらしくなるけれど、このあたりはノンフィクション作家の直観みたいなものだと思う。幸いなことに、片野さんは同誌創刊編集長である井上祐彦氏と面識があり、その過剰な犬バカ（ホメ言葉です）ぶりが強く印象に残っていた。あれほどの犬バカがリーダーを務める日本犬専門誌なら……と、片野さんの鼻が犬のようにヒクヒクと動いたのである。

ということで、本書では犬バカ編集長が雑誌を立ち上げるところから、吸い寄せられるように彼の元に集まる編集部のスタッフ、フリーランスのカメラマンなど多くの人が織りなす群像劇が時系列に沿って描かれている。『Shi-Ba』の読者はもちろん、愛犬雑誌を読んだことのある人なら、一種の内幕物としても楽しめる構成だ。すべての登場人物が最初から犬バカだったのではなく、雑誌に関わることで急激に変化していくところや、次第に犬バカ精鋭部隊としての団結が強くなっていくところなど、犬好きなら読んでいてたまらない気持ちになるだろう。

当然ながら、本書では井上氏の愛犬である柴犬の福太郎を筆頭に、何頭かの犬が愛情たっぷりに描かれ、物語の推進役を果たす。スタッフの愛犬であるばかりでなく、表紙やグラビアのモデルも務め、編集部と読者をつなぐ雑誌の顔にもなっているからだ。彼らを活写しようとすれば、必然的に飼い主の暮らし方、犬との関係にも触れざるを得ない。

そばに犬がいることで何が違うのか。〝癒される〟なんて手あかのついた言葉では説明しきれない、心の底から湧き出てくる愛おしさ、家族の一員という意識。犬たちの多くが飼い主より先に天に還(かえ)るという現実も。愛犬家なら「そうなんだ」と膝を打ちそうな描写がそこかしこに出てくる。

序盤からの畳みかけるような展開で雑誌という舞台が整い、役者さながらにキャラが濃いスタッフや犬が揃(そろ)った。ここからは、片野さんが剛腕を発揮する番だ。

とにかく取材力がすごいのである。

なかでも、ノンフィクションには欠かせないディテールの収集力が半端じゃない。雑誌編集部という特殊な世界の話でありながら、状況が目に浮かぶように読み進められるのは、微に入り細に入り聴き込み、翻訳家のように読者との間に立って、輪郭のはっきりした文章に組み立てているからだ。

しかも、万人受けしそうな話はカットして、その人、その犬ならではの小さなエピソードを丁寧に掬（すく）い上げている気がする。ちりばめられたエピソードに笑わせられ、ときに考えさせられているうちに、本書の主題である「この国の愛犬事情と経緯」が風通しのいい部屋にいるように自然と頭に残る。

まあ、本書を手にする読者は犬バカ比率が高いに違いなく、犬歴の浅い僕があれこれ書き連ねても説得力がないだろう。そこで、一九八〇年代のスキー雑誌を皮切りに制作現場を数多く見てきた者として、専門誌の世界について少々記しておきたい。

雑誌には一般誌や総合誌と呼ばれるもの（週刊誌や男性誌、女性誌など）もあるけれど、多数を占めるのは特化したジャンルを扱う専門誌。読者層はそのジャンルが好きな人に限定されるため、作り手側にも深い知識が要求される。

なにしろ読者はその世界に詳しい。作る側が素人では通用しない。といってマニアックならいいというものでもなく、その雑誌が何にこだわっているのかが読者にわからないと苦戦しがちだ。

新しいジャンルを開拓しようとするなら余計にそうで、「こんな雑誌見たことがない」と思われるくらいのインパクトがないと話題にさえならない。でも、奇をてらい過ぎれば誰もついてこれない妙な雑誌になるだけ。そのあたりの匙加減をうまく調整し、時代の空気ともタイミングが合うものだけが定着していくのである。出すほうは冒険だ。まだジャンルが形成されていない、海のものとも山のものともつかない紙の束を世に問うわけで、成功の確率は決して高くない。

それでも、意欲のある編集者はあらゆる壁を乗り越えて新雑誌を送り出し、出版業界や読者に刺激を与えてきた。多くの人に存在を知られる、それぞれのジャンルの顔となっている専門誌たちは、大なり小なり激戦を勝ち抜いてきたツワモノたちだと思っていい。

そして、そこには必ずと言っていいほど、過剰にそのジャンルを愛する編集者がいるのだ。一般紙や総合誌の編集者に求められる資質はバランス感覚だったりしそうだが、専門誌ではバランスの取れた誌面を求める読者はそれほどいないと僕は思う。いまの時代、表面的にはそつなくまとまっていたりするけれど、専門誌のクセの強さは本質的に変わっていないのではないだろうか。情報ならネットで無料で手に入る時代に「金を払ってでも」と思わせることができるのは、その雑誌でしか味わえない空気感や切り口。

そのカギを握るのは作り手である編集者だ。

『Shi-Ba』に話を戻そう。編集長の井上氏は、パチンコ雑誌編集長を経て日本犬の雑誌を作った。前者は入社時すでにあった雑誌で、後者は自ら企画したもの。同じ編集長でも、思い入れや責任感には差がある。

まして『Shi-Ba』は窓際に追いやられかけたとき、飼い始めた福太郎にのめりこむ自分を発見したことがきっかけで生まれた虎の子のアイデア。大げさではなく、編集者生命をかけた勝負作だった。やっとの思いで社内会議を通しても、予算も人員も最小限のスタートになる。

ところが、この悪条件が前例なき専門誌を作る上ではいいほうに転がった。頼れるアテがないため、みずからの感覚のみを信じて作った雑誌は、これまで見たこともない独特な匂いを放ち、愛犬家たちが心の内に秘めていた「外国産の大型犬じゃなくても、うちの犬が一番かわいいと叫びたい」気持ちを呼び覚ました。「柴犬のお尻の穴は可愛い(かわい)としか言えない」と親バカ丸出しの投稿をしても受け入れてもらえそうだ。だってこの雑誌、編集長が率先してそれやってるぞ、と。

宣伝もしていないのに売り上げが悪くないと営業部が気づき、第二号の発刊が決まる。しかも、その後ずっとつきあうことになるスタッフまで呼び寄せてしまう。読んでいて笑ったなあ。小さな奇跡がつぎつぎと起きていき、雑誌も人も輝きだすのだ。

もうひとつ感心したことがある。号を重ねても熱度が落ちないのである。雑誌は売れ行きが安定するにつれ、初期の熱気を失っていきがちで、それを回避するために編集長が交代するのが常とう手段。しかし、井上氏のハイテンションは一向に衰えず、飽きてもいない。僕は一因として、マンネリ化する暇を与えずに刻々と状況が変わっていった日本の犬事情があるのではないかと読んでいて思った。〝雑誌は生き物〟というけれど、まさにそれだ。

『Shi-Ba』は日本犬が好きな人が人目を気にせず「好きだ」と言える誌面を通してきた。ただそれだけを、ときには批判も受けながら愚直に追求してきた。犬を通じて世の中のためになろうとか、すべての犬好きに愛されようとか、身の丈に合わない欲望は抱かない。

いや本当に、読んでも読んでも、犬バカ編集部は「できることを、できるだけ」やるのみだし、片野さんもカッコいい言葉を引き出そうなんてことは一切しない。たぶん感動なんか狙っていない。だからこそ、守り神のように雑誌を支えてきた福太郎との別れを、読者も涙ではなく「ありがとうね」と見送ることができるのだ。

この本、どこかのテレビ局でドラマ化しないだろうか。たったひとりから始まる雑誌編集部の成長物語。主役は編集長だけど、味のある脇役にも見せ場がたくさんあってキャスティングが楽しそうだ。そうそう、肝心の犬たちは……、ルックスより愛嬌で選びたい。尻尾を高く掲げて、お尻の穴がよく見える犬だ。

（きたお・とろ　ノンフィクション作家）

本書は、二〇一八年十一月、集英社より刊行されました。

［初出］
集英社WEB文芸「レンザブロー」二〇一七年七月〜二〇一八年四月

本文デザイン
本文イラスト　山田

片野ゆかの本

ゼロ!

熊本市動物愛護センター10年の闘い

犬猫の殺処分ほぼゼロを10年がかりで実現した熊本市動物愛護センターの歩みを追う、感動ドキュメンタリー。奮闘を続ける職員たちの姿を通じて「ペットの幸せとは?」を問いかける。

集英社文庫

集英社文庫

平成犬バカ編集部

2021年8月25日　第1刷　　　定価はカバーに表示してあります。

著　者　片野ゆか
発行者　徳永　真
発行所　株式会社 集英社
東京都千代田区一ツ橋2-5-10　〒101-8050
電話　【編集部】03-3230-6095
【読者係】03-3230-6080
【販売部】03-3230-6393(書店専用)

印　刷　大日本印刷株式会社
製　本　大日本印刷株式会社

フォーマットデザイン　アリヤマデザインストア　　マークデザイン　居山浩二

ISBN978-4-08-744288-5 C0195